Kerstin Michalek • Martin Schambeck

Vitamine

Was, wieviel, wofür?

Mit den Empfehlungen der Deutschen Gesellschaft für Ernährung

WJ Dr. Werner Jopp Verlag
Wiesbaden

1., 2., 3., 4., 5. Auflage 1998, 1997, 1996

Die Deutsche Bibliothek – CIP-Einheitsaufnahme

Michalek, Kerstin:
Vitamine : Was, wieviel, wofür? / Kerstin Michalek ; Martin Schambeck. – Wiesbaden : Jopp, 1966
ISBN 3-926955-84-8
NE: Schambeck, Martin:

Die Ratschläge in diesem Buch sind von Autoren und Verlag sorgfältig erwogen und geprüft; dennoch kann eine Garantie nicht übernommen werden. Eine Haftung der Autoren bzw. des Verlags und seiner Beauftragten für Personen-, Sach- und Vermögensschäden ist ausgeschlossen.

Umschlaggestaltung: Kreativ Design Gerd Aumann, Wiesbaden
Herstellung: Danuvia Druckhaus Neuburg GmbH, Neuburg/Donau
Printed in Germany

ISBN 3-926955-84-8

Inhaltsverzeichnis

Der Mensch ist, was er ißt

Nährstoffe – die Mischung macht's

Mit den Signalen Hunger und Durst zeigt der menschliche Körper, daß es an der Zeit ist, zu essen und zu trinken. Dem Organismus geht es dabei jedoch nicht um die Freude am Essen, um den Genuß leckerer Speisen oder Geselligkeit beim abendlichen Festmal, sondern einzig und allein um die Zufuhr von dringend benötigten Nährstoffen.
Diese sind wichtig, um den Körper, das heißt die einzelnen Zellen, aus denen er besteht, am Leben und funktionsfähig zu erhalten.
Zu den Nährstoffen, die der Mensch bei einer gesunden und vielfältigen Kost zu sich nehmen muß, werden die Kohlenhydrate, die Eiweiße und die Fette ebenso gezählt wie die Mineralstoffe und die Vitamine. Auch das Wasser wird, was mancher nicht vermuten würde, hierunter eingeordnet.
Um den Organismus gesund und vital zu erhalten, hat jeder der Nährstoffe seine ganz spezifischen Aufgaben wahrzunehmen: Kohlenhydrate und Fette werden in erster Linie zur Aufrechterhaltung des Energiehaushalts benötigt, Eiweiße, Mineralstoffe und Wasser zum Aufbau der Zellen, Knochen und Gewebe und anderer Körpersubstanz, Vitamine und Mineralstoffe wirken als Schutz- und Reglerstoffe im gesamten Stoffwechsel des Körpers.
Im Gegensatz zu Eiweiß, Fett und Kohlenhydraten liefern Vitamine und Mineralstoffe keine Energie.
Fehlt der eine oder andere Nährstoff, beziehungsweise sind die zugeführten Mengen zu niedrig, kann dieses fein aufeinander abgestimmte System ganz gehörig in Schieflage geraten. Aber auch zu viel des Guten kann mehr schaden als nützen.

Kohlenhydrate – Energie pur

Die Kohlenhydrate werden im Prozeß der Photosynthese – der Umsetzung von Wasser und CO_2 zu Zucker – von den Pflanzen gebildet: Aus energiearmen anorganischen Verbindungen entstehen unter Einwirkung der Lichtenergie der Sonne energiereiche organische Verbindungen – die Kohlenhydrate.

Der Mensch und die Tiere nehmen Kohlenhydrate mit ihrer täglichen Nahrung auf und bauen sie in ihrem körpereigenen Stoffwechsel so weit ab, bis aus dem Traubenzucker die Energie gewonnen werden kann – die in den Kohlenhydraten gespeicherte Energie wird auf diesem Wege wieder frei und kann in die Lebensvorgänge des eigenen Körpers gesteckt werden.

Der Mensch nimmt Kohlenhydrate, auch *Saccharide* genannt, in drei unterschiedlichen Formen mit der Nahrung auf:

- als *Vielfachzucker* (Polysaccharide) in Form von pflanzlicher Stärke oder als Glykogen, die Stärkeform in tierischen Nahrungsmitteln;
- als *Doppelzucker* (Disaccharide) in Form von Malzzucker (Maltose), Laktose (Milchzucker) oder Saccharose (Rohrzucker, Haushaltszucker);
- als *Einfachzucker* (Monosaccharide) in Form von Glukose (Traubenzucker), Galaktose oder Fruktose (Fruchtzucker).

Innerhalb des Verdauungsprozesses im Darm werden die Vielfach- und Doppelzucker von körpereigenen Enzymen zu Einfachzuckern gespalten, die dann zusammen mit denen der Lebensmittel durch die Darmwand in das Blut gelangen.

Die einfachste Form der Kohlenhydrate, der *Traubenzucker*, steht am Ende aller Umwandlungsprozesse; denn auch Fruktose und Galaktose werden letztendlich zu Glukose umgewandelt. Er dient direkt der Energiegewinnung und Versorgung des Körpers, ein Teil wird allerdings in Leber und Muskulatur in Form von Glykogen gespeichert. Diese Speicherform ist bei Bedarf für den Körper rasch verfügbar und steht somit dem Organismus besonders für kurzfristige Anstrengungen zum Beispiel bei sportlicher Betätigung zur Verfügung.

Neben ihrer Funktion als Energieträger sind die Kohlenhydrate aber auch wichtig für die Textur der Lebensmittel, also für deren typische Struktur und Eigenschaften. Ihre besonders angenehme Seite – Stichwort Süßkraft – zeigen die Kohlenhydrate bei den Genußmitteln wie Schokolade und Keksen. Hier sind sie für deren angenehm süßen Geschmack verantwortlich .

Der menschliche Organismus vermag Kohlenhydrate nur in geringen Mengen zu speichern. Wenn die Glykogenspeicher des Körpers gefüllt sind, werden die überschüssig aufgenommenen Kohlenhydratmengen in Fett umgebaut und zum Leidwesen schlankheitsbewußter Menschen in den entsprechenden Geweben gespeichert.
Auch die Ballaststoffe zählen zur Gruppe der Kohlenhydrate. Unter dem Namen *Ballaststoffe* werden all diejenigen Bestandteile pflanzlicher Lebensmittel zusammengefaßt, die von den menschlichen Verdauungsenzymen nicht abgebaut werden können – allein das Pflanzenreich liefert diese lang verkannten Substanzen.
Der Begriff Ballaststoff stammt noch aus einer Zeit, in der diese nicht verwertbaren Nahrungsbestandteile als überflüssig galten. Diese Zeiten sind, wie viele wissenschaftliche Untersuchungen zeigen, endgültig vorbei!
Zu den positiven Funktionen der Ballaststoffe zählen unter anderem:

- eine verbesserte Zahnerhaltung durch intensives Kauen und Einspeicheln der Nahrungsmittel und damit verbunden eine
- ausgedehnte Vorverdauung der Nahrung bereits im Mund;.
- der Sättigungswert der Nahrung wird erhöht und
- einer möglichen Darmträgheit mit anschließender Verstopfung wird entgegengewirkt;
- ein sinkender Plasmacholesterin- und -lipidspiegel sowie
- ein positiver Einfluß auf den Blutzuckerspiegel sind weitere gesundheitliche Vorteile;
- erreicht wird ein erhöhter Schutz vor Dickdarmkrebs und Divertikulose (Ausstülpungen der Darminnenauskleidung);
- der Darm wird von giftigen Schwermetallen und Substanzen, die ihn zu Abwehrreaktionen veranlassen entlastet, Ballaststoffe binden diese Substanzen, die somit ihre Gefährlichkeit für den Körper verlieren.

Eiweiße – Muskelkraft und Geistesblitz

Um körpereigene Substanzen und Gewebe, wie etwa Muskeln, aufbauen und erhalten zu können, muß dem Organismus regelmäßig Eiweiß (Proteine) zugeführt werden. Eiweiße werde an allen Stellen im Organismus gebraucht, sie erfüllen viele spezifische Funktionen im Körper- und Stoffwechselgeschehen:

- Als Enzyme und Hormone wirken sie im gesamten Stoffwechsel des Körpers;
- als Transportproteine (so ist beispielsweise das Hämoglobin für den Sauerstofftransport im Blut verantwortlich);
- als Speicherproteine;
- als Struktur- und Aufbauproteine der Muskelfasern und als Gerüstsubstanz der Knochen, der Sehnen und der Haut;
- als Abwehrkörper des Immunsystems;
- bei der Übertragung von Impulsen zwischen den verschiedenen Nervenfasern.

Eiweiße finden sich in allen tierischen Lebensmitteln, wie Milch, Fleisch, Fisch und Eiern, aber auch in Nahrungsmitteln pflanzlicher Herkunft: Gute Quellen pflanzlicher Eiweiße sind verschiedene Getreide und Getreideprodukte, wie Brot oder Vollkornnudeln, Kartoffeln, Hülsenfrüchte und Nüsse. Eine sinnvolle und ausgewogenen Kombination von pflanzlichem und tierischem Eiweiß ist dabei für den Organismus besonders wertvoll.
Die Eiweiße werden vom Körper bei der Verdauung im Magen und Darm in kleinere Einheiten, die *Aminosäuren,* gespalten. Aus diesen Grundbausteinen setzt der Körper sie wieder zu körpereigenem, typisch menschlichem Eiweiß zusammen.

Fett – die Reserve für schlechte Zeiten

Fette, in der Wissenschaftssprache *Lipide* genannt, sind die Nährstoffe mit der höchsten Energiedichte. Der Sättigungswert der Fette ist denen von Kohlenhydraten und Proteinen weit überlegen.
Zu ihrer Verdauung müssen Fette zuerst vom menschlichen Verdauungssystem mit Hilfe von Gallensäuren emulgiert, das heißt in feinste Tröpfchen zerlegt werden. Anschließend haben die *Lipasen* leichte Arbeit. Diese fettverdauenden Enzyme zerlegen die emulgierten Fette in Bestandtteile, die vom menschlichen Organismus im Stoffwechsel weiterverarbeitet werden können.
Bei normal ernährten Männern macht der Anteil des Fettgewebes etwa 15–20 %, bei Frauen etwa 25 % des eigenen Körpergewichts aus.
Im menschlichen Körper erfüllen Fette 2 Hauptaufgaben:

- Zum einen dienen sie der Energieversorgung, und
- zum anderen sind sie wichtig als Bestandteile der Zellmembranen.

Aber damit ist die Liste ihrer Funktionen noch nicht erschöpft. Fette dienen weiterhin als:

- Polster für die inneren Organe,
- Schutz des Körpers vor Auskühlung,
- Bausteine von Gehirn und Nervensystem,
- Geschmacksträger für Aromastoffe,
- Ausgangssubstanz für die Produktion weiterer biologischer Verbindungen.

Eine weitere wichtige Funktion liegt in ihrer Bedeutung als Träger von Wirkstoffen, wie z. B. fettlöslicher Vitamine. Aus diesem Grund macht es Sinn, knackfrischen Salat mit Öl anzurichten; denn nur auf diese Art und Weise werden die fettlöslichen Vitamine für den Menschen überhaupt erst zugänglich gemacht.

Obwohl Kohlenhydrate die bevorzugte Energiequelle für körperliche Leistungen darstellen, muß der Organismus bei längeren Belastungen auch auf seine Fettreserven zurückgreifen. Das wichtigste Substrat für die Energiegewinnung stellen dann die freien Fettsäuren dar, die beim Fettabbau freigesetzt worden sind.

Wasser – der frische Lebensquell

Mit dem Alter verlieren die Körperzellen des Menschen Wasser, sie trocknen förmlich aus: Während der Organismus des Säuglings noch zu 75 % aus Wasser besteht, werden bei einem erwachsenen Mann 60 % und bei der Frau 50 % als Wassergehalt des Körpers gemessen. Alte Menschen weisen nur noch einen Wassergehalt von 40 % auf.

Regelmäßiges Trinken ist lebensnotwendig. Jedes Gewebe, jedes Organ im menschlichen Körper muß ständig mit Flüssigkeit versorgt werden. Wird zu wenig getrunken, schrumpfen zum Beispiel die Nieren, sie neigen eher zu Steinbildung und Infektionen. Unter günstigen klimatischen Bedingungen kann der Mensch allenfalls wenige Tage ohne die Zufuhr von Flüssigkeit auskommen, ohne Essen gelingt dies wesentlich länger.

Die Funktionen des Wassers:
- Baustein der Zellen,
- Lösungsmittel für eine Vielzahl von Stoffen,
- Transportmittel, um Nähr- und Wirkstoffe zu ihren Zielen zu transpotieren,
- Mittel zur Wärmeregulation.

Die Flüssigkeitszufuhr erfolgt aber nicht nur durch die Aufnahme von Flüssigkeiten in Form von Wasser oder Saft. Auch feste Nahrungsmittel tragen mit einem durchschnittlichen Wassergehalt von 60–70 % zur Flüssigkeitszufuhr bei.
Gesteigert wird der Bedarf eines Menschen beispielsweise durch trockenes und heißes Klima, durch körperliche Betätigung und durch erhöhten Salzgehalt der Nahrung, die er zu sich nimmt.
Unter normalen Lebensbedingungen ist – nach Empfehlungen der Deutschen Gesellschaft für Ernährung (DGE) – eine Flüssigkeitszufuhr in Form von Getränken mit etwa 1,3 Litern und fester Nahrung mit etwa 800 Millilitern am Tag ausreichend.

Mineralstoffe – klein aber oho

Die umfangreiche Gruppe der Mineralstoffe wird in Mengen- und Spurenelemente unterteilt, je nachdem, in welcher Menge sie im Körper vorkommen.
Zu den *Mengenelementen* zählen zum Beispiel Natrium, Kalium, Phosphor, Kalzium und Magnesium. Fluor, Jod, Eisen, Kupfer, Mangan und Zink dagegen sind *Spurenelemente*. Insgesamt liegt der Körperbestand an Mineralstoffen bei etwa 5 % des Körpergewichts, wovon die Spurenelemente zusammen nur etwa 10 g wiegen.
Mineralstoffe sind – wie die Vitamine – am gesamten Stoffwechselgeschehen beteiligt. Ihre Aufgaben im Organismus sind sehr vielfältig, beispielsweise sind Kalzium und Phosphor wichtige Bausteine von Knochen und Zähnen, Jod ist eine unerläßliche Komponente der Schilddrüsenhormone, und Eisen, Kupfer und Mangan sind Bestandteile der verschiedensten Enzyme.
Ein Mangel an Mineralstoffen kann sich dramatisch auswirken, z. B. bei Jodmangel als stark vergrößerte Schilddrüse (Kropf) oder bei Eisenmangel als Blutarmut.

Vitamine – die winzigen 13 mit großer Wirkung

Neben den oben bereits aufgeführten gibt es noch eine weitere wichtige Gruppe essentieller Nährstoffe. Ihre „Mitglieder" unterscheiden sich von den Kohlenhydraten, Fetten und Eiweißen in folgender Art und Weise:

- in der Größe – sie sind bedeutend kleiner;
- in ihrer Struktur – sie wirken für sich, sind Werkzeuge des Körpers;
- in ihrer Funktion – sie liefern keine Energie, sind aber an der Energiegewinnung beteiligt; sie ermöglichen das Zellwachstum und fördern die Heilungskräfte des Körpers;
- in ihrem Gehalt in Lebensmitteln – täglich nimmt der Mensch wenige Mikrogramm oder einige Milligramm von ihnen mit der Nahrung auf, also sehr wenig im Vergleich zu den vier „großen" Nährstoffen Kohlenhydrate, Eiweiße, Fette und Wasser.

Diese 13 Winzlinge sind so enorm wichtig für das menschliche Leben, daß sich der vorliegende Ratgeber ausschließlich mit ihnen beschäftigt.

Vitamine, eine große Familie mit Geschichte

Was sind Vitamine?

Wissenschaftlich formuliert und deshalb auch in dicken Lehrbüchern so niedergeschrieben, werden unter Vitaminen organische Verbindungen verstanden, die vom Organismus für lebenswichtige Funktionen benötigt werden, aber im körpereigenen Stoffwechsel nicht oder nicht in ausreichender Menge hergestellt werden können. Aus diesem Grunde ist es nötig, sie immer wieder aufs neue mit der täglichen Nahrung zuzuführen. Das kann zum einen in Form des fertigen Vitamins geschehen, zum anderen auch in Gestalt einer Vorstufe (Provitamin), die im Körper in das fertige Vitamin umgewandelt werden kann.
Vitamine dienen – im Gegensatz zu den ebenfalls essentiellen Fettsäuren und Aminosäuren – weder als Körperbausteine noch als Energielieferanten. *Essentiell* heißt, daß der Körper diese Substanzen nicht selbst herstellen kann und auf die ständige Zufuhr mit der Nahrung angewiesen ist.
In erster Linie wirken die Vitamine als Bestandteile von Enzymen, den Katalysatoren im Stoffwechsel.

> Vitamine sind wichtig für das Wachstum der Zellen, für eine schöne Haut und seidige Haare, für stabile Knochen und feste Zähne, für ein stabiles Nervenkostüm, ein einsatzbereites Immunsystem und noch für vieles andere mehr.

Nach ihrem Löslichkeitsverhalten werden diese Verbindungen in 2 Gruppen eingeteilt: *Fettlöslich* sind die Vitamine A, D, E und K. Die restlichen neun faßt man zur Gruppe der *wasserlöslichen* Vitamine zusammen: die B-Vitamine B_1 (Thiamin), B_2 (Riboflavin), B_6 (Pyridoxin), B_{12} (Cobalamine), Pantothensäure, Niacin, Folsäure, Biotin und Vitamin C (Ascorbinsäure). Die Reservekapazität des Körpes für Vitamine ist sehr unterschiedlich. Während Vitamin B_{12} mit etwa 4 Jahren eine lange Speicherdauer erreicht, kann der Organismus Vitamin B_1 nur wenige Tage auf Vorrat bereithalten. Vitamine sind sehr empfindliche Zeitgenossen. In unterschiedlichen Maßen vertragen sie weder Licht und Luft noch Wasser und Hitze oder die Bestrahlung mit UV-Licht. Aus diesem Grunde ist bei der Zubereitung von Speisen und der Lagerung der Lebensmittel höchste Sorgfalt geboten, um so einen unnötigen Verlust an Vitaminen bereits vor dem Essen zu vermeiden.

Das Leben stand Pate

Der Begriff *Vitamine* wurde 1911 von dem Wissenschaftler Kasimir Funk geprägt: Dabei steht das lateinische Wort „vita" für Leben, und „amin" bedeutet stickstoffhaltig. Heute ist bekannt, daß Vitamine sehr wohl lebensnotwendig sind, aber nicht immer Stickstoff enthalten müssen.
Die Fähigkeit zur Vitaminsynthese bleibt weitestgehend niederen Lebewesen, Pflanzen und Mikroorganismen vorbehalten. Der Mensch und auch die meisten Tiere haben im Laufe ihrer Entwicklung während der Evolution die Fähigkeit zum Vitaminaufbau verloren.
Wichtige Vitaminlieferanten des Menschen sind daher pflanzliche und tierische Nahrungsmittel; letztere, weil das Tier seinerseits Vitamine über seine pflanzlichen Lebensmittel aufgenommen hat. Weiterhin können zum Beispiel Kühe über darmeigene Mikroorganismen zu ihrer eigenen Vitaminversorgung beitragen. Beim Menschen spielt der Anteil bakteriell im Darm hergestellter und damit verfügbarer Vitamine wahrscheinlich keine Rolle, einzige Ausnahme bildet hier wahrscheinlich das Vitamin K.

> Es gibt kein natürliches Lebensmittel, das alle Vitamine in ausreichender Menge für einen erwachsenen Menschen enthält. Deshalb ist für eine optimale Versorgung des Körpers eine gemischte und abwechslungsreiche Kost vonnöten.

Eine ungenügende Versorgung mit Vitaminen führt zu Mangelsymptomen,

die sich zu Krankheiten ausweiten und unbehandelt tödlich enden können. Viele Menschen wollen zuviel des Guten tun und greifen überschwenglich zu synthetischen Vitaminpräparaten (s. Seite 92), aber zu hohe Vitamindosen können ebenfalls der Gesundheit schaden (s. Seite 89) – es gilt, das richtige Maß zu finden.
Aber was ist das richtige Maß? Anhaltspunkte dafür bieten die Empfehlungen für die Vitaminzufuhr der Deutschen Gesellschaft für Ernährung (DGE) mit Sitz in Frankfurt am Main, an denen sich auch die Empfehlungen der Ernährungsgesellschaften in Österreich und der Schweiz orientieren. Alle Empfehlungen gelten nur für gesunde Menschen mit durchschnittlicher Lebens- und Arbeitsweise bei mitteleuropäischem Klima. Die Empfehlungen sind nach Altersstufen gegliedert, für Schwangere und Stillende sind die Werte gesondert ausgewiesen. Die Unterschiede in den Empfehlungen zu anderen Länder sind zum Teil beachtlich. Daran läßt sich erkennen, mit welchen Unsicherheiten die Festlegung der Nährstoffempfehlungen immer noch verbunden sind.

Familiensaga

Schon Christoph Kolumbus und seine Mannen bekamen zu spüren, was es bedeuten konnte, sich nur von Pökelfleisch und Schiffszwieback zu ernähren. Monatelang waren die Entdecker auf hoher See von der Zufuhr von Frischgemüse und Obst abgeschnitten. Unter längerdauernder, einseitiger Ernährung entwickelten sich ganz spezifische Krankheitssymptome. Neben den Freibeutern und Piraten wurde der Skorbut zum Schrecken der Sieben Meere.
Es dauerte bis zum Ende des letzten Jahrhunderts, die Ursachen von Skorbut und anderer (vitaminabhängiger) Erkrankungen tierexperimentell durch Verabreichung spezieller einseitiger Nahrungszubereitungen nachzuvollziehen. Dabei wurde beobachtet, daß Versuchstiere relativ rasch starben, wenn sie nicht ausreichend mit Vitaminen versorgt wurden. Und das trotz einer ausreichenden Deckung ihres Energiebedarfs (Proteine, Kohlenhydrate und Fette) und mit Zusätzen von Elektrolyten und Spurenelementen.
Diese offensichtlich fehlenden Nährstoffe bekamen dann von Kasimir Funk den (Familien-)Namen „Vitamine". 13 von ihnen sind mittlerweile bekannt.

Sie sind in ihren chemischen Eigenschaften und Funktionen dermaßen unterschiedlich, daß sie sich im Stoffwechselgeschehen des Körpers gegenseitig nicht ersetzen können. Ihre jeweiligen Vornamen, bestehend aus Buchstaben und eventuell einem Zahlenindex sind historisch begründet.
Nach Isolierung und Strukturaufklärung in diesem Jahrhundert erhielten sie ihre spezifisch chemischen Namen. So heißt zum Beispiel Vitamin B_1 heute auch Thiamin.
Es gibt eine ganze Reihe von Verbindungen, die immer wieder fälschlicherweise der Familie der Vitamine zugeordnet werden. Namen, die dabei genannt werden, sind Vitamin F, Coenzym Q_{10}, Vitamin P und Vitamin U. Ihre Zuordnung findet zum einen in Unkenntnis ihrer biochemischen Eigenschaften, zum anderen auch aufgrund werbewirksamer Überlegungen statt. Ein Produkt läßt sich nun einmal besser verkaufen, wenn es mit einem exotischen „Vitamin" angereichert ist.
Bisher genügen lediglich 13 Verbindungen beziehungsweise Verbindungsgruppen der eingangs erwähnten Vitamindefinition, die sogenannten *Vitaminoide* gehören nicht dazu.

Vitamine von Kopf bis Fuß

Ein scharfes Auge durch Vitamin A

Vitamin A (in der Ernährungswissenschaft und Biochemie auch *Retinol* genannt) wurde als erstes der fettlöslichen Vitamine entdeckt. Vitamin A hat seine Wirkungsschwerpunkte im Körpergeschehen in 3 großen Bereichen, wobei es jedoch keinem einheitlichen Wirkungsmechanismus gehorcht. Eine wichtige Rolle spielt es...

- bei Wachstum und Spezialisierung von Zellen der Haut und Schleimhäute und somit bei deren Gesunderhaltung,
- für die Entwicklung der Fortpflanzungsorgane der Frau und der Hormonproduktion beim Mann und
- bei den komplizierten Abläufen des Sehvorgangs im Auge.

Vitamin A findet sich ausschließlich in Lebensmitteln tierischen Ursprungs. In Pflanzen kommen jedoch Substanzen vor, die in der menschlichen Darmschleimhaut durch ein spezielles Abbauenzym in Vitamin A gespalten werden können. Diese Vorläufersubstanzen, aus denen Vitamin A gebildet wird, werden *Karotinoide* genannt. Das bekannteste und zugleich wirkungsvollste unter ihnen ist das *Beta-Karotin.*
Die große Gruppe der Karotinoide ist es, die vielen Früchten und Gemüsen ihre jeweils typische gelbe oder orangene Farbe verleiht. Auch in grünen Pflanzen findet man diese Farbstoffe, hier werden sie allerdings von dem intensiveren Chlorophyll, dem Blattgrün, überlagert.

Quellen

Die ersten Lebensmittel, die dafür bekannt wurden, Vitamin A zu enthalten, waren der früher von vielen Schulkindern jeden Morgen gefürchtete Lebertran und das Butterfett. Heute ist die Liste dieser Lebensmittel bedeutend länger: An pflanzlichen Lebensmitteln sind vor allem Karotten, gelbe und dunkelgrüne Blattgemüse, Kürbisse, Aprikosen und Melonen reich an Beta-Karotin. Tierisches Vitamin A findet man reichlich in Leber, Eidotter, Fisch, Milch und Milchprodukten.

Zu wenig...

Die Auswirkungen eines chronischen Vitamin-A-Mangels waren bereits den Menschen im Altertum bekannt. Da das Vitamin A ein wichtiger Bestandteil des Sehpurpurs im Auge darstellt, ist es unerläßlich für das Farbsehen und die Unterscheidung in Hell und Dunkel. Erste Anzeichen eines Mangels sind deshalb Lichtscheu und herabgesetzte Sehschärfe in der Dämmerung bzw. Nachblindheit; ein Umstand, der besonders Autofahrer interessieren sollte.
Des weiteren ist das Vitamin A für eine zeitgemäße Entwicklung wichtig. Aufgrund seiner Bedeutung im Prozeß der Regeneration von Haut und Schleimhäuten macht sich ein Vitamin-A-Mangel auch an diesen bemerkbar: Die Schleimhäute werden trocken und hart, Krankheitserreger können nicht mehr optimal abgewehrt werden, und anschließende Infektionen sind die Folge.

Zu viel...

„Viel hilft viel" – dieser immer wieder gehörte Ausspruch ist meistens unsinnig und gilt schon gar nicht für das Vitamin A. Vergiftungserscheinungen durch zu hohe Vitamin-A-Gaben reichen von Kopfschmerzen und Haarausfall, über Bauchschmerzen bis hin zu Erbrechen und Apathie. Diese Symptome wurden bei den Menschen beschrieben, die große Mengen Eisbärleber verzehrt hatten. Der übermäßige Genuß von Leber ist deshalb so gefährlich, weil in diesem Organ das überschüssige, das heißt vom Körper augenblicklich nicht benötigte Vitamin A gespeichert wird. Also sollten wir

es hier lieber mit Paracelsus halten, daß immer die Dosis für Wohl oder Wehe des Menschen entscheidend ist.
Durch andere tierische Lebensmittel sind Überschreitungen der sogenannten sicheren Vitamin-A-Mengen nicht zu befürchten. Auch durch die Carotinoide in den pflanzlichen Lebensmitteln kann es nicht zu Vergiftungserscheinungen kommen, weil der Körper nur soviel davon in Vitamin A umwandelt, wie er gerade benötigt.

Karotinoide – und ihre Zweitbeschäftigung als Antioxidanzien

Karotinoide haben neben ihrer Aufgabe als Vorstufe zum späteren Vitamin A noch ganz eigenständige Funktionen im Organismus inne: Zusammen mit den Vitaminen C und E (s. dort) bieten sie Schutz vor zellschädigenden bzw. zellzerstörenden Verbindungen, die im Organismus ihr Unwesen treiben, den sogenannten *freien Radikalen.*
Freie Radikale sind hochreaktive Moleküle, die im Körper selbst während des Stoffwechsels gebildet bzw. ihm von außen durch Umwelteinwirkungen zugeführt werden – und zwar überall dort, wo mit dem Element Sauerstoff „gearbeitet" wird. Vergleichbar ist der Angriff freier Radikale auf verschiedene Zellbestandteile mit anderen Oxidationsvorgängen und Alterungsprozessen in der Natur: dem Rosten von Eisen, dem Sprödewerden von Gummi oder dem Ranzigwerden von Fetten und Ölen.
Freie Radikale entstehen im Körper auf folgenden natürlichen Wegen:

- bei den energieliefernden Prozessen in der Atmungskette,
- bei der Arbeit oxidativer Enzyme,
- in Zellen, die der Immunabwehr dienen und mit deren Hilfe eingedrungene Infektionserreger unschädlich gemacht werden können,
- durch den Verzehr von Nahrungsmitteln.

In ihrem Außmaß von weit größerer Bedeutung sind jedoch „künstlich" erzeugte freie Radikale. Sie entstehen vor allem durch:

- Luftverunreinigungen (Ozon, Stickoxide, Chemikalien usw.), die eingeatmet werden,
- Zigarettenrauch,
- UV-Strahlung,
- die Umwandlung von Arzneimitteln im Körper.

Freie Radikale werden mit der Entstehung einer Vielzahl von Krankheiten in Verbindung gebracht. Dazu zählen Arteriosklerose, Herz-Kreislauf-Er-

krankungen, verschiedene Krebsformen, Rheuma, der graue Star sowie Stoffwechselstörungen aufgrund von Alterungsprozessen im Körper.
Eine besondere Gefahr geht von den freien Radikalen dadurch aus, daß sie wie eine Lawine, einmal ausgelöst, die Bildung immer neuer Radikale nach sich ziehen.
Antioxidative Vitamine fangen diese feien Radikalen ab oder unterbrechen die durch sie ausgelösten, unheilbringenden Kettenreaktionen.
Ein Experiment, das jeder für sich zu Hause nachmachen kann, zeigt die Schutzwirkung der Vitamine ganz anschaulich. Schneiden Sie einen Apfel in der Mitte durch, beträufeln Sie danach nur eine Schnittfläche mit etwas Zitronensaft. Schon nach kurzer Zeit an der Luft – und damit dem Wirken des Sauerstoffs ausgesetzt – wird die nichtbehandelte Seite des Apfels braun, die mit Zitronensaft bzw. Vitamin C geschützte Hälfte behält dagegen ihre frische natürliche Farbe.

Vitamin als Sonnenschutz

Werden übermäßig viel Möhren verzehrt, kommt es zur Ablagerung des Farbstoffs Beta-Karotin in der Haut. Das ist soweit harmlos, auch wenn es zu einer unschönen gelblichen Verfärbung von Gesicht, Handflächen und Fußsohlen führt. Nicht zuletzt diese färbende Eigenschaft gab den Anstoß für die Kosmetikindustrie, Beta-Karotin auch als Sonnenschutz auszutesten. Mittlerweile hat es sich durch wissenschaftliche Untersuchungen bestätigt: Durch die kontrollierte Einnahme von Vitaminkapseln in Kombination mit einer geeigneten Sonnenschutzcreme kann dem Sonnenbrand vorgebeugt werden.
Und das funktioniert so: Die von außen angreifenden freien Radikalen treffen in der Haut auf Beta-Karotin und haben keine Chance mehr, ihr unheilvolles Werk zu verrichten. Hautschäden, wie vorzeitige Hautalterung und Hautkrebs, können vermieden werden, statt dessen werden die Hautbräunung konserviert und die Abwehrkräfte des Körpers gestärkt. Doch auch hier gilt, daß übermäßiges Sonnenbaden nicht dadurch ausgeglichen werden kann, indem vermehrt synthetische Vitamine eingenommen werden. An dieser Stelle wäre der Rückzug in ein schattiges Plätzchen eher angebracht.

Checkliste

In welcher Situation sollten Sie besonders auf Ihre Vitamin-A- und Beta-Karotin-Versorgung achten?

- Leiden Sie an chronischen Magen-Darm-Erkrankungen?
- Leiden Sie an Erkrankungen der Leber?
- Sind Sie schwanger, oder stillen Sie?
- Trinken sie regelmäßig große Mengen Alkohol?
- Rauchen Sie ihr Päckchen Zigaretten oder mehr am Tag?
- Nehmen Sie die Anti-Baby-Pille ein?

Ein fester Biß und Standfestigkeit mit Vitamin D

Vitamin D nimmt eine Sonderstellung unter den Vitaminen ein: Zum einen ist dem Körper das möglich, was er bei den anderen Vitaminen nicht kann. Der menschliche Organismus ist selbst fähig, das benötigte Vitamin D zu bilden. Zum anderen ist es seiner Wirkungsweise im Körper und seiner Aufgaben im Stoffwechsel nach ein Hormon. Die frühere irrtümliche Zuordnung zu den Vitaminen ist historisch begründet und wird heute der Einfachheit halber beibehalten.

Unerläßlich für die körpereigene Synthese von Vitamin D ist das Sonnenlicht: Bei der Produktion des Vitamins zeigt sich, daß die Haut des Menschen mehr ist als eine Deckschicht für den restlichen Körper. Vielmehr nimmt sie wesentliche Funktionen im Organismus wahr. Unter dem Einfluß der ultravioletten Strahlen der Sonne wird in der Haut das Vitamin aus Vorstufen gebildet.

Vitamin D sorgt für eine ausreichende Konzentration von Kalzium und Phosphat im Blut und ist somit unerläßlich für die Bildung von Knochen und Knorpeln bei Kindern und die Prophylaxe gegen die Knochenkrankheiten Osteomalazie und Osteoporose bei Erwachsenen.

Neueren dermatologischen Erkenntnissen nach dürften Vitamin-D-Abkömmlinge auch in der Therapie von hartnäckigen Hauterkrankungen, wie beispielsweise der Schuppenflechte (Psoriasis), positive Wirkungen entfalten.

Quellen

Wird der menschliche Körper in ausreichendem Maß der Sonne ausgesetzt – und dazu genügen in der Regel zwei 10minütige Sonnenbäder pro Woche –, so ist keine weitere Zufuhr mit der Nahrung vonnöten. Gelingt dies nicht, und das ist vor allem in den Wintermonaten der Fall, wird das Vitamin D wieder zu einem essentiellen, das heißt zufuhrnotwendigen Nährstoff. Besonders in nördlichen Breiten kann es in Ballungsgebieten dazu kommen, daß durch die Dunstglocke der Städte nicht genügend UV-Strahlung den Boden erreicht.
Erwähnenswerte Mengen von Vitamin D sind vor allem in Lebertran, aber auch in Meeresfischen, Milch, Eiern und Pilzen enthalten. In der Bundesrepublik Deutschland dürfen bisher nur 2 Lebensmittelgruppen mit Vitamin D angereichert werden: Margarine und Säuglingsfertignahrung.

Zu wenig...

Das bekannteste Symptom des Vitamin-D-Mangels ist die Rachitis bei Kindern. Beschrieben wurde sie erstmals im 17. Jahrhundert. Obwohl der Name der Erkrankung eine Entzündung vermuten läßt, handelt es sich bei der Rachitis um eine Störung der Knochenverkalkung. Vor allem bei Kindern unter 2 Jahren kommt es zu Verformungen der Beinknochen und der Ausbildung eines Buckels. Des weiteren läßt sich eine Verlangsamung der Zahnbildung beobachten.
Beim Erwachsenen führt der Vitamin-D-Mangel zur Entkalkung der Knochen und damit zur Knochenerweichung (Osteomalazie). Außerdem besteht der Verdacht, daß zwischen einer unzureichenden Vitamin-D-Zufuhr bei Frauen und dem Auftreten von Osteoporose ein Zusammenhang besteht. Bei einer Osteoporose kommt es zu einer Verminderung des Knochengewebes mit gleichzeitiger Vergröberung seiner Struktur, die Knochen werden brüchig.

Zu viel...

Infolge erhöhter Vitamin-D-Werte steigt die Kalziummenge im Blut an, schwere Störungen an den verschiedenen Organen können die Folge sein.

Die ersten Symptome sind Appetitlosigkeit, Übelkeit, Erbrechen, Durst und Kopfschmerzen. Später kommt es dann zu Kalziumablagerungen in den weichen Gewebsteilen, da durch die Vitamin-D-Überdosierung vermehrt Kalzium aus dem Knochen freigesetzt und in diesen Bereichen abgelagert wird. Betroffen von den Ablagerungen sind vor allem das Herz, die Lunge, die Nieren und die Gefäße. Todesfälle können durch das völlige Versagen der Nieren entstehen. Vitaminpräparate dürfen deshalb nicht ohne ärztliche Anleitung eingenommen werden. Besonders an dieser Stelle zeigt sich, daß die oben bereits erwähnte Regel „Viel hilft viel" mehr schadet als nützt. Interessanterweise entfaltet durch Lichteinwirkung entstandenes Vitamin D niemals toxische Effekte. Die Haut schützt sich durch Bräune und verhindert damit auf raffinierte Art und Weise die Vitamin-D-Bildung.

Checkliste

In welcher Situation sollten Sie besonders auf Ihre Vitamin-D-Versorgung achten?

- Gehören Sie der Gruppe der Senioren oder Seniorinnen an?
- Verbringen Sie den größten Teil des Tages in geschlossenen Räumen?
- Sind Sie an der Leber oder der Niere erkrankt?
- Meiden Sie kategorisch Milch und Milchprodukte?
- Nehmen Sie cholesterinsenkende oder krampflindernde Medikamente ein?
- Sind Sie schwanger, oder stillen Sie?

Gibt der Zelle Schutz – Vitamin E

Zur großen Vitamin-E-Familie gehören eine Vielzahl von Verbindungen, denen man den gemeinsamen Namen *Tocopherole* gegeben hat. Der Namen für diese Vitaminfamilie leitet sich aus der grieschichen Sprache ab. Er heißt soviel wie „Geburtshelfer" (griech. tokos = gebären) und sollte auf die Bedeutung dieser Vitaminverbindungen für die Fruchtbarkeit des Menschen hinweisen. Anfang der 20er Jahre wurde von Wissenschaftlern festgestellt, daß die Vermehrungsfähigkeit der Versuchstiere von eben diesem fettlöslichen Nahrungsfaktor abhängt.

Der Radikalfänger par exellence

Tocopherole wirken ebenso wie Beta-Karotin und Vitamin C als Antioxidanzien (s. Seite 22 und 46). Innerhalb des Stoffwechsels der Pflanzen schützen sie die mehrfach ungesättigten Fettsäuren vor der Zerstörung durch freie Radikale.

Von praktischer Bedeutung für den Menschen ist, daß Fette und Öle durch Vitamin E vor dem Ranzigwerden geschützt werden. Doch hält dieser natürliche Konservierungsschutz nicht ewig. Mit der Zeit verbraucht sich das in den Ölen und Fetten enthaltenen Vitamin E, die Folge ist, daß die Lebensmittel für den menschlichen Genuß unbrauchbar werden.

Für den menschlichen Organismus ist Vitamin E ein wichtiges fettlösliches Antioxidans. In jeder einzelnen Zelle wirkt es in den Zellmembranen. Dort reagiert es mit den freien Radikalen und anderen aggressiven Verbindungen, die von außen auf die Zellen einwirken, macht sie unschädlich und schützt auf diese Weise die mehrfach ungesättigten Fettsäuren der Zellmembranen.

Eine intakte und gesunde Zellmembran ist eine wesentliche Voraussetzung dafür, daß im Zellinnern alle Zellvorgänge optimal ablaufen können. Besonders wichtig ist der Schutz der Membranen der roten Blutkörperchen (Erythrozyten), die nur bei intakter Zellmembran ihre vielfältigen Aufgaben wahrnehmen können. Hierzu gehört besonders der Transport von Sauerstoff zu allen Körperregionen.

Des weiteren wird Vitamin E als Schutz vor den Auswirkungen der Umweltverschmutzung diskutiert: Der Mensch ist, besonders in städtischen Gebieten, alltäglich giftigen Stickoxiden, Ozon sowie Schwermetallen wie etwa Blei und Quecksilber ausgesetzt. An dieser Stelle entfaltet Vitamin E seine ganzen Möglichkeiten, die Belastungen des Körpers werden deutlich gemindert.

Unter ungünstigen Voraussetzungen können bei der Umsetzung von stickstoffhaltigen Verbindungen im Magen Nitrosamine entstehen, die krebserregend wirken können (s. Seite 46). Vitamin E ist in der Lage, den Prozeß der Nitrosaminbildung zu hemmen.

Das antioxidative Wirkungspotential des Vitamin E kommt – in Verbindung mit dem Spurenelement Selen – auch der Haut zugute. Vitamin E und Selen sollen das Entstehungsrisiko des malignen Melanoms (Hautkrebs) reduzieren.

Eingesetzt werden die Tocopherole auch als Bestandteile von Salben, die

auf Wunden und Verbrennungen aufgetragen werden und zu einer schnelleren Wundheilung führen.
Im Alter bieten Tocopherole Schutz vor Arteriosklerose, indem sie der Gefäßverengung entgegenwirken und Ablagerungen in den Blutgefäßen verhindern.

Quellen

Natürlich vorkommende Tocopherole können nur von Pflanzen gebildet werden. Der hohe Gehalt verschiedener pflanzlicher Öle ist häufig mit einem entsprechend hohen Gehalt an Tocopherolen gekoppelt.
Besonders Vitamin-E-reich sind die Getreidekeimöle sowie Soja- und Leinöl. Auch Lauch, Schwarzwurzel, Haferflocken, Hülsenfrüchte, Mandeln und Nüsse verdienen Beachtung bei der Versorgung mit Vitamin E.

Zu wenig...

Bei gesunden Menschen, die sich vielseitig und abwechslungsreich ernähren, konnte ein Vitamin-E-Mangel bisher nicht beobachtet werden. Eine Verschlechterung der Vitamin-E-Versorgung kann allerdings durch krankhafte Veränderungen der Verdauungs- und Absorptionsprozesse im Darm verursacht werden.
Ein Mangel an Vitamin E äußert sich dann in erster Linie in allgemeinen Funktionsstörungen der Skelettmuskulatur und in einer verkürzten Lebensdauer der rote Blutkörperchen.

Zu viel...

Eine zu hohe Aufnahme von Vitamin E ist bemerkenswert unproblematisch. Toxisch wirkende Mengen konnten bisher nur durch eine Überdosierung im Tierversuch und bei Menschen unter experimentellen Bedingungen im Labor beobachtet werden. Die überhöhten Vitamin-E-Gaben führten zu Nebenwirkungen in Form von Übelkeit, Erbrechen, Kopfschmerzen und Schwindelgefühlen. Des weiteren kann es zu Muskelschwäche, zu Erschöpfungszuständen und Sehstörungen kommen.

Checkliste

In welcher Situation sollten Sie besonders auf Ihre Vitamin-E-Versorgung achten?

- Nehme Sie regelmäßig Abführmittel ein?
- Rauchen Sie?
- Stillen Sie?

Der kleine Sanitäter – Vitamin K

Ohne Vitamin K würde der Mensch ganz elendig zugrundegehen – bei der kleinsten Verletzung müßte er verbluten. Vitamin K begegnet dieser drohenden Gefahr: Unter seiner Mithilfe werden gleich mehrere lebenswichtige Blutgerinnungsfaktoren gebildet. Weiterhin ist Vitamin K für die Bildung von Proteinen in Blutplasma, Nieren und Knochen mitverantwortlich.
Aktive Vitamin-K-Substanzen sind in der Natur weit verbreitet:

- Pflanzen bilden das Vitamin K_1 *(Phyllochinon)*, es kommt deshalb sehr reichlich in grünen Blättern vor.
- Das Vitamin K_2 *(Menachinon)* wird ausschließlich von Bakterien synthetisiert. Auch die im menschlichen Darm angesiedelten Mikroorganismen bilden beträchtliche Mengen des Vitamins. Diese bakteriell produzierten Vorräte tragen wahrscheinlich ganz wesentlich zur Versorgung des menschlichen Körpers mit Vitamin K bei.

Quellen

Vitamin K ist in vielen Lebensmitteln des täglichen Gebrauchs enthalten. Hauptquellen sind vor allem Grüngemüse wie Spinat oder Erbsen, alle Kohlsorten und Sauerkraut. Beachtliche Mengen enthalten außerdem Vollkorngetreideprodukte, Kartoffeln, Milch und Milchprodukte, Eier und Fleisch.

Zu wenig...

Ein leichter Vitamin-K-Mangel äußert sich in einer Verlängerung der Blutgerinnungszeit, die Blutungsneigung ist erhöht. Wunden heilen schlechter und langwieriger aus. In der Medizin werden aus diesem Grunde Gegenspieler des Vitamin K, sogenannte *Vitamin-K-Antagonisten*, zur Thromboseprophylaxe eingesetzt.
Während bei Erwachsenen ein Vitamin-K-Mangel meist indirekt, z. B. durch Gallenerkrankungen oder Leberfunktionsstörungen, verursacht wird, treten bei Neugeborenen Blutungen durch Vitamin-K-Mangel auch ohne vorliegende Grunderkrankungen auf.
Der klassische Vitamin K-Mangel betrifft in der Regel voll gestillte Säuglinge. Zum einen ist der Vitamin-K-Gehalt der Muttermilch niedrig und das Milchangebot aufgrund eines verzögerten Einsetzens der Muttermilchbildung unzureichend. Zum anderen haben die Darmbakterien des Säuglings ihre Arbeit der Vitamin-K-Produktion noch nicht aufgenommen, und die unreife Leber kann noch nicht ausreichende Mengen an Gerinnungsfaktoren produzieren. Bei besonders empfindlichen Neugeborenen drohen Gehirnblutungen. Durch die prophylaktische Vitamin-K-Gabe können die Gefahren durch diese Blutungen ausgeschlossen werden.

Zu viel...

Selbst bei der Zufuhr größerer Mengen Vitamin K über einen längeren Zeitraum wurden keine nachteiligen Nebenwirkungen beobachtet.

Checkliste

In welcher Situation sollten Sie besonders auf Ihre Vitamin-K-Versorgung achten?

- Nehmen Sie regelmäßig Medikamente (z. B. Antibiotika) ein?
- Sind Sie an der Leber oder dem Darm erkrankt?

Konzentriert und cool mit Vitamin B_1

Bereits aus der Zeit um 2600 v.Chr. ist eine Krankheit in China bekannt, die große Schäden am Nervensystem, an Herz und Gefäßen anrichtete. Man gab ihr den Namen „Beriberi", was in der Landessprache soviel wie „Schaf" heißt. Mit dieser Namensgebung beschrieb man den steifen Gang und die schlotternden Knie der erkrankten Menschen. Erst im 20. Jahrhundert konnten Wissenschaftler die Verbindung isolieren, die zusammen mit einer ausreichenden Proteinzufuhr Beriberi heilen kann. Der Verbindung gab man den Namen *Thiamin* oder Vitamin B_1.
Thiamin spielt eine wichtige Rolle im Kohlenhydrat- und Energiestoffwechsel. Bei einem Mangel kann der Traubenzucker im Stoffwechsel nicht mehr vollständig zur Energiegewinnung herangezogen werden, die Zellen werden vom Organismus also nicht mehr ausreichend mit Energie versorgt. Von diesem Energiemangel sind besonders die Nerven- und Gehirnzellen betroffen, da für diese Zellen Traubenzucker den Hauptenergielieferanten darstellt.
Im Zusammenhang mit Vitamin B_1 spielt der Genuß von Knoblauch eine interessante Rolle. Zusammen mit Allicin, dem wirksamen Bestandteil des Knoblauchs, kann sich bereits im Darm das fettlösliche Allithiamin bilden, das nahezu vollständig vom Körper aufgenommen werden kann.
Aber Thiamin hat auch Widersacher, was vor allem die Anhänger der japanischen Sushi-Küche interessieren dürfte. In rohem Fisch ist nämlich ein Enzym enthalten, das Thiamin zerstören kann. *Thiaminase* heißt dieser Übeltäter, der aber in der mitteleuropäischen Küche von untergeordneter Bedeutung ist.

Quellen

Thiamin kommt in praktisch allen Lebensmitteln meist nur in geringen Mengen vor. In Getreide ist Thiamin vorwiegend in den Randschichten des Korns enthalten. Beim Genuß von Nahrungsmittelerzeugnissen aus Weißmehl geht diese ergiebige Quelle für den Körper jedoch verloren.
Die Hälfte des mit der Nahrung aufgenommenen Thiamins liefern heutzutage Fleisch und Fleischprodukte.
Die höchsten Konzentrationen an Thiamin finden sich in Haferflocken und

Weizenkleie, in Innereien und magerem Schweinefleisch, in Hülsenfrüchten, Kartoffeln und Hefe.

Zu wenig...

Die klassische Vitamin-B_1-Mangelkrankheit ist die Beriberi. Bei ihr fehlt es nicht nur an Thiamin, sondern es liegt auch gleichzeitig ein Eiweißmangel vor. Beriberi ist gekennzeichnet durch Störungen im Nervensystem, Lähmungserscheinungen, Skelettmuskelschwund, Herzmuskelschwäche und Wasseransammlungen im Körpergewebe (Ödeme).
Reiner Thiaminmangel führt beim Menschen zu einer Vielzahl von Symptomen: Müdigkeit, Gewichtsverlust, Appetitlosigkeit, Herzbeschwerden bei geringen Anstrengungen, Wadenkrämpfe, Degeneration am vegetativen Nervensystem und psychische Labilität mit Konzentrationsschwäche, Reizbarkeit und Depressionen. Es kann zu Überreaktionen bei Streß und Anspannung kommen.
Von allen B-Vitaminen ist in der heutigen Ernährung die Gefahr einer Unterversorgung bei Thiamin am größten. Betroffen davon sind in erster Linie ältere Menschen und Schwangere.

Zu viel...

Selbst bei der Einnahme erhöhter Mengen Vitamin B_1 wurden in der Regel keine gesundheitsschädlichen Nebenwirkungen beobachtet. In seltenen Fällen kann es zu Herzrasen, Schweißausbrüchen oder Kopfschmerzen kommen.

Checkliste

In welcher Situation sollten Sie besonders auf Ihre Thiamin-Versorgung achten?

- Leiden Sie an Erkrankungen des Darms oder der Leber?
- Gehören Sie zur Gruppe der Senioren oder Seniorinnen?
- Machen Kohlenhydrate einen Großteil ihrer Nahrung aus?
- Trinken Sie regelmäßig viel Alkohol, oder stehen Sie häufig unter Streß?
- Sind Sie schwanger, oder stillen Sie?

Die Milch macht's – Vitamin B_2

Zu Beginn der 30er Jahre ist es Wissenschaftlern gelungen, eine geruchlose, orangegelbe und bittere Substanz aus der Milch von Kühen zu isolieren: Zunächst erhielt die neu gefundene Verbindung den Namen *Lactoflavin* (lat. lac, lactis = Milch), später wurde sie umbenannt in *Riboflavin* oder Vitamin B_2.
Wie auch die anderen Vitamine der B-Familie beschleunigt Riboflavin eine Vielzahl chemischer Reaktionen im Stoffwechsel des Organismus:

- In Form zweier Koenzyme überträgt Riboflavin Wasserstoff unter anderem in der Atmungskette, die der Energiegewinnung im Körper dient.
- Vitamin B_2 hilft beim Entgiften der Leber und ist an den Auf- und Abbauvorgängen der roten Blutkörperchen beteiligt.
- Auch der Stoffwechsel von Linse und Hornhaut des Auges ist auf Riboflavin angewiesen. Es wird vermutet, daß das Vitamin in diesem Zusammenhang eine Lichtschutzwirkung entfaltet.
- Des weiteren trägt das Vitamin zur Erhaltung der Schutzschicht bei, die die Nervenbahnen ummantelt, und ist unerläßlich im Einsatz für das Immunsystem zur Abwehr von Krankheiten.

Quellen

Riboflavin ist als Substanz im Pfanzen- und Tierreich weit verbreitet. Als wesentliche Quellen für die menschliche Versorgung gelten Milch und Milchprodukte, Fleisch, Eier, Vollkorn-Getreideerzeugnisse sowie Leber, viele Seefische und Hefe.
Bei der Keimung der Getreidekörner steigt der Riboflavingehalt bei Weizen, Gerste und Mais an. Neben dem guten Geschmack ein weiterer Grund, selbstgezogene Keimlinge – als Zugabe zum Salat – zu verzehren.

Zu wenig...

Unter den Lebensbedingungen in den wohlhabenden europäischen und nordamerikanischen Industrieländern tritt ein schwerer Mangel selten auf. Leichte Mangelsymptome durch falsche oder einseitige Ernährung lassen sich da-

gegen häufiger beobachten: Als Folge kommt es zu Hautveränderungen, eingerissenen Mundwinkeln, Rötung und Schuppenbildung der Haut um Augen, Nase und Lippen.
Besonders Schwangere sollen auf ihre Riboflavinzufuhr achten, denn bei Unterversorgung kann es zu Störungen des Wachstums und der Entwicklung des Embryos kommen.

Zu viel...

Bisher sind keine toxischen Wirkungen des Riboflavins beim Menschen bekanntgeworden.

Checkliste

In welcher Situation sollten Sie besonders auf Ihre Vitamin-B_2-Versorgung achten?

- Leiden Sie an chronischen Entzündungen der Dünndarmschleimhaut?
- Trinken Sie regelmäßig viel Alkohol?
- Nehmen Sie regelmäßig Medikamente, wie beispielsweise Antidepressiva, ein?
- Stillen Sie?

Bringt Schwung ins Leben – Niacin

Nikotinsäureamid und Nikotinsäure haben – wie der Name vermuten lassen würde – mit dem Nikotin der Tabakpflanze nichts gemein. Um Verwechslungen vorzubeugen, wurde für beide Verbindungen der gemeinsame Name *Niacin* eingeführt.
Niacin ist ein schönes Beispiel dafür, daß auch der Mensch die Fähigkeit zum Aufbau der benötigten essentiellen Wachstumsfaktoren nicht endgültig verloren hat. So kann der Organismus die Aminosäure Tryptophan in Niacin umwandeln. Die Umwandlungskapazität ist allerdings begrenzt: Aus 60 mg Tryptophan entsteht durchschnittlich 1 mg Nikotinsäureamid.

Niacin spielt als Bestandteil der menschlichen Koenzyme NAD und NADP eine ganz entscheidende Rolle im Auf- und Abbau von Kohlenhydraten, Fettsäuren und Aminosäuren. Die beiden wichtigen Koenzyme sind in allen Zellen des Organismus vorhanden.

Quellen

Niacin ist im Tier- und Pflanzenreich weit verbreitet, allerdings taucht es meist nur in geringen Mengen auf. Sehr gute Niacinquellen sind Fleisch – insbesondere Innereien –, Fisch und Vollkorngetreide. Milch und Eier enthalten sehr wenig Niacin, tragen jedoch, aufgrund ihres hohen Tryptophangehalts, entscheidend zur Niacinversorgung bei.
Welchen wichtigen Einfluß die Nahrungszubereitung auf die Versorgung mit Nährstoffen spielen kann, zeigt das folgende Beispiel der Tortillaherstellung aus Südamerika: In vielen Getreidearten, wie beispielsweise Mais, liegt Niacin in einer gebundenen, für den menschlichen Organismus nichtverfügbaren Form vor. Überlieferte Zubereitungsarten, wie die Vorbehandlung der Maiskörner mit Kalkwasser durch die Ureinwohner Mexikos, machen Niacin verfügbar und helfen, einem Mangel vorzubeugen.
Auch der Genuß von Kaffee trägt zu einer positiven Niacinbilanz bei. Trigonell heißt der Inhaltsstoff der Kaffeebohne, der durch den Röstvorgang in Niacin umgewandelt wird und praktischerweise auch noch später in der gebrühten Tasse Kaffee zu finden ist. 4–5 Tassen des von vielen so innig geliebten Getränks tragen ganz beachtlich zur Deckung des Tagesbedarfs eines Erwachsenen bei.

Zu wenig...

In Mitteleuropa tritt Niacinmangel nur selten auf. Weiter verbreitet ist er dagegen in typischen Maisanbaugebieten, wie dem Balkan oder den Südstaaten der USA.
Niacinmangel in Verbindung mit einer zu geringen Tryptophanzufuhr führt zu einer schweren Hautkrankheit, der Pellagra (pelle agra = kranke Haut). Niacin erhielt deshalb auch den Namen *PP-Faktor* (für Pellagra-Preventive-Factor) oder auch pellagraverhütender Faktor. An Pellagra erkrankte Menschen leiden an entzündlichen Hautreaktionen (Dermatitis), an Durchfall

und Depressionen und an Schleimhautveränderungen des Mundes, der Zunge und des Verdauungstrakts.

Zu viel...

Niacin wird in der medizinischen Therapie bei einer Vielzahl von Krankheiten eingesetzt. Dazu gehören unter anderem Kreislaufstörungen, verschiedene Anämieformen, Bluthochdruck oder auch Hauterkrankungen. Vergiftungserscheinungen durch erhöhte Niacingaben sind dabei nicht aufgetreten. Dosierungen, die das 100fache der DGE-Empfehlung überschreiten und zur Behandlung von erhöhten Serumcholesterin-Konzentrationen eingesetzt werden, können allerdings mit Nebenwirkungen, wie Gefäßerweiterungen, Magenschleimhautentzündung und Leberzellschäden, einhergehen.

Checkliste

In welcher Situation sollten Sie besonders auf Ihre Niacinversorgung achten?

- Trinken Sie regelmäßig größere Mengen Alkohol?
- Nehmen Sie regelmäßig Medikamente, z. B. Analgetika, ein?
- Stillen Sie?

Kleiner Baustein für den Lebenssaft – Folsäure

In Leber, Hefen und Spinat wurde im Jahr 1930 ein Antianämie- und Wachstumsfaktor entdeckt – die Folsäure. Spinatblätter standen Pate bei der Namensgebung: Der lateinische Begriff „folium" bedeutet Blatt.
Unter Folsäure bzw. der neuen Bezeichnung *Folacin* werden sämtliche natürliche Substanzen dieser Vitamingruppe zusammengefaßt. Die einzelnen Vitamintypen dieser Gruppe unterscheiden sich in der Anzahl der Glutaminsäurereste. Die meisten Mikroorganismen und Pflanzen sind in der Lage, Folsäure zu bilden. Eine Rolle spielt Folacin vor allem in Prozessen der Zellteilung und ist damit ganz entscheidend an der Neubildung von Zel-

len beteiligt. Folsäure wirkt auch bei der Bildung von Nukleinsäuren, den Trägern der genetischen Information der Zelle, mit, ist entscheidend am Aufbau der roten Blutkörperchen beteiligt und zudem wichtig für den Aminosäurestoffwechsel.

Quellen

Besonders reichlich Folsäure liefern Hefe, Weizenkeime, Schweineleber und grüne Blattgemüse wie Spinat. Durch seine enorme Empfindlichkeit gegenüber Hitze, Sauerstoff und Licht können in der heimischen Küche die Zubereitungsverluste zwischen 30 und 90 % betragen.

Zu wenig...

Der Folsäuremangel wird weltweit beobachtet. Besonders betroffen sind die Gewebe mit hohen Zellteilungsraten. Da die blutbildenden Zellen des Knochenmarks eine besonders hohe Teilungsrate haben, sind Störungen des Blutbilds ein frühes Zeichen des Folsäuremangels. Auch die Schleimhäute des Darms sowie der Blase und der Gebärmutter sind betroffen.
Bei länger andauerndem Mangel kommt es zu einer generellen Störung des Zellstoffwechsels, zu Blutarmut (Anämie) und zu Störungen der Fruchtbarkeit bei Mann und Frau. Schwangere und Menschen, die Medikamente wie Zytostatika oder die Pille einnehmen, haben ebenfalls ein erhöhtes Risiko, einen Folsäuremangel zu entwickeln.

Zu viel...

Beim Menschen besitzt die Folsäure – auch über einen längeren Zeitraum verabreicht – eine geringe Toxizität. Dennoch können nach erhöhten Dosen Verdauungsstörungen, Schlafstörungen, Reizbarkeit, Depressionen und Allergien beobachtet werden.

Checkliste

In welcher Situation sollten Sie besonders auf Ihre Folsäureversorgung achten?

- Sind Sie schwanger, beziehungsweise haben Sie vor, es demnächst zu werden?
- Leiden Sie an Darm- oder Lebererkrankungen?
- Nehmen Sie regelmäßig Medikamente ein? Ist die Anti-Baby-Pille darunter?
- Trinken Sie große Mengen Alkohol?
- Stillen Sie Ihren Säugling?

Gute Reise mit Vitamin B_6

Hinter dem Namen Vitamin B_6 verbergen sich genaugenommen 6 unterschiedliche Verbindungen, die im Organismus alle ineinander umgewandelt werden können. Die drei wichtigsten heißen *Pyridoxin, Pyridoxal* und *Pyridoxamin.*

Vitamin B_6 wird von Mikroorganismen und wahrscheinlich auch von Pflanzen über noch weitgehend unbekannte Stoffwechselwege gebildet. Es kommt in fast allen tierischen und pflanzlichen Geweben vor, wobei Vorlieben existieren: Pyridoxin favorisiert in erster Linie pflanzliche, die beiden anderen Formen Pyridoxal und Pyridoxamin meist tierische Lebensmittel.

In seiner Koenzymform ist Vitamin B_6 an über 60 enzymatischen Reaktionen vor allem im Protein- und Aminosäurenstoffwechsel beteiligt. Außerdem beeinflußt es die Funktionen des Nervensystems, die Immunabwehr sowie die Synthese des roten Blutfarbstoffs Hämoglobin.

In der medizinischen Therapie wird Vitamin B_6 bei Schwindel und Erbrechen, nach Bestrahlungen, bei Reisekrankheit und nach Narkosen eingesetzt. Typische Beschwerden während der Schwangerschaft können mit diesem Vitamin abgeschwächt werden.

Außerdem wird es lokal zur Behandlung von Akne und anderen Hautkrankheiten verordnet.

Quellen

Da es selbst schlauen Wissenschaftlern einige Schwierigkeiten bereitet, Vitamin B_6 analytisch nachzuweisen, ist der tatsächliche Gehalt vieler Lebensmittel nur annähernd bekannt.
Als gute Vitamin-B_6-Quellen gelten Leber, Hühner- und Schweinefleisch, Fisch, Vollkorngetreide, Nüsse, Hefe und Bananen, aber auch viele Gemüsearten. Dagegen enthalten Fette, Öle und Zucker kein Vitamin B_6.
Die Mengen in Bier und Wein sind, im Vergleich mit den anderen Lebensmitteln, gering. Durch die eigentlich nicht empfehlenswert hohen Verzehrmengen tragen sie jedoch ganz erheblich zu einer Bedarfsdeckung bei.

Zu wenig...

Ernährungsbedingte Vitamin-B_6-Mangelerscheinungen sind selten, da sich das Vitamin in fast allen Lebensmitteln befindet. 1953 traten in einem Krankenhaus in den USA bei Neugeborenen epilepsieähnliche Krämpfe auf. Nach der Gabe von Vitamin B_6 war die ganze Aufregung vorüber. Es stellte sich heraus, daß das in den Milchpräparaten zur Säuglingsernährung befindliche Vitamin B_6 durch eine vorher erfolgte Hitzebehandlung zerstört worden war. Ein Mangel macht sich durch Krämpfe und Bewegungsstörungen infolge geschädigter Nervenbahnen bemerkbar. Appetitlosigkeit, Durchfall und Hautveränderungen sind weitere Mangelsymptome. Anhaltende Müdigkeit und Niedergeschlagenheit werden ebenfalls in der medizinischen Diagnostik mit einem Mangel an Vitamin B_6 in Zusammenhang gebracht.

Zu viel...

Die Toxizität des Vitamin B_6 ist sehr gering, das heißt, Krankheitssymptome konnten bisher nur sehr selten beobachtet werden; in diesen Fällen handelte es sich überwiegend um Nervenleiden.

Checkliste

In welcher Situation sollten Sie besonders auf Ihre Vitamin-B_6-Versorgung achten?

- Sind Sie schwanger, oder stillen Sie?
- Nehmen Sie die Pille zur Empfägnisverhütung?
- Nehmen Sie regelmäßig Medikamente ein?
- Stehenh Sie ständig unter Streß?
- Trinken Sie regelmäßig Alkohol?

Gesundes Haar mit Pantothensäure

Pantothensäure wurde 1931 experimentell als notwendiger Wuchsstoff von Hefen entdeckt. Bald darauf zeigte es sich, daß auch höhere Tierarten, wie beispielsweise Küken und junge Ratten, aber auch der Mensch Pantothensäure zur Aufrechterhaltung der körpereigenen Funktionen benötigen.
Die Bedeutung der Pantothensäure für den Organismus liegt in ihrer Funktion als Ausgangssubstanz für das Koenzym A. Dieses Koenzym A wiederum spielt eine herausragende Rolle im Stoffwechsel: Beteiligt ist es sowohl am Abbau von Fetten, Kohlenhydraten und verschiedenen Aminosäuren als auch an der Synthese von Fettsäuren, Cholesterin und bestimmter Hormone. Für alle unter Arbeitsüberlastung Leidenden ist wichtig zu wissen, daß vermutlich Streß den Bedarf an Pantothensäure erhöht.
Pantothensäure wird von grünen Pflanzen und von den meisten Mikroorganismen synthetisiert, höhere Tiere und der Mensch sind dazu nicht in der Lage.
In der Medizin wird die Pantothensäure zur Regeneration bei Haut- und Schleimhautverletzungen mit Erfolg verordnet. Bei Vergiftungen und nach Operationen wird oftmals eine deutlich herabgesetze Darmtätigkeit beobachtet. Pantothensäure in hohen pharmakologischen Dosen scheint in der Lage zu sein, dem Darm wieder neuen Schwung geben zu können. Schönes Haar braucht ebenfalls Pantothensäure: Als Bestandteil von Haarpflegemitteln mindert sie Folgen von Bleichen und Färben und trägt zur Gesundung von dauergewelltem Haar bei.

Quellen

Der Name Pantothensäure (griech. pantothen = überall) deutet darauf hin: Dieses Vitamin ist praktisch in allen tierischen und pflanzlichen Lebensmitteln zu finden. Besonders hoch ist der Vitamingehalt in Hefe, Leber, Niere, Eigelb, Vollkornerzeugnissen, Leguminosen und dem seltenen, extra von den Bienen für ihre Königin produzierten Gelée royale.
Das von den Darmbakterien des Menschen gebildete Vitamin liegt in einer unzugänglichen Form vor und ist dementsprechend nicht vefügbar, was bedeutet, daß Pantothensäure mit der Nahrung zugeführt werden muß.

Zu wenig...

Aufgrund der weiten Verbreitung in allen Lebensmitteln kommt ein durch die Ernährung verursachter Mangel beim Menschen in der Regel nicht vor. Hinweise über Mangelerscheinungen stammen unter anderem aus dem Zweiten Weltkrieg, wo Menschen sich unter Bedingungen extremer Unterversorgung ernähren mußten, sowie von unterernährten Bevölkerungsgruppen in der sogenannten dritten Welt.
Als charakteristische Symptome eines Pantothensäuremangels werden allgemeine Abgeschlagenheit und Schwäche, Müdigkeit, Apathie, Schlafstörungen und Kopfschmerzen beschrieben. Mißempfindungen und Schmerzen im Bereich der Zehen und Fußsohlen, als „Burning-feet-Syndrome" beschrieben, treten ebenfalls auf.

Zu viel...

Für den Menschen sind keine toxischen Wirkungen bekannt. Ihre abführende Wirkung kann zu leichtem Durchfall führen.

Checkliste

In welcher Situation sollten Sie besonders auf Ihre Pantothensäure-Versorgung achten?

- Stehen Sie ständig unter Streß?
- Trinken Sie regelmäßig große Mengen Alkohol?
- Sind Sie Diabetiker bzw. Diabetikerin?

Eine schöne Haut mit Biotin

1936 wurde Biotin erstmals aus Eidotter isoliert, wenige Jahre später konnte dann seine Struktur vollständig aufgeklärt werden. Parallel zu dem Namen Biotin wurde zu Anfang auch vielfach der Name *Vitamin H* benutzt. „H" steht für Haut und unterstreicht die Bedeutung des Vitamins für das größte Organ des Menschen.
Biotin wird von keimenden Samen sowie von Mikroorganismen synthetisiert.
Seine Funktionen sind kurz aufgezählt, dadurch jedoch nicht minder wichtig: Biotinabhängige Enzyme ermöglichen Reaktionen im Kohlenhydrat-, Aminosäuren- und Fettsäurenstoffwechsel. Auf der gesamten Körperebene ist es wichtig für Wachstum wie Erhaltung von Blutzellen, Talgdrüsen, Nervengewebe, Haut und Haar.

Quellen

Biotin kommt besonders in Leber und Hefe vor. Aber auch Niere, Eigelb, Sojabohnen, Haferflocken, Erdnüsse, Weizenkeime und Möhren enthalten dieses Vitamin.

Zu wenig...

Mangelsymptome werden unter den üblichen Ernährungsgewohnheiten nicht beobachtet. Unüblich wäre der übermäßige Verzehr von rohen Eiern – dadurch ließe sich ein Mangel herbeischlürfen. Eiklar enthält eine Verbindung mit Namen Avidin, die Biotin bindet und nicht mehr freigibt.
Dermatitis und Haarverlust sind bei allen Tierspezies Symptome eines Biotinmangels. Ebenfalls im Tierversuch zeigte sich, daß Biotin für Fortpflanzung und Milchbildung vonnöten ist.
Beim Menschen ließen sich im Labor experimentell Hautveränderungen erzeugen. Diese werden von so unspezifischen Symptomen begleitet wie Müdigkeit, Appetitlosigkeit, Übelkeit, Muskelschmerzen sowie Hämoglobinabnahme.

Zu viel...

Auswirkungen einer überhöhten Zufuhr an Biotin sind nicht bekannt.

Checkliste

In welcher Situation sollten Sie besonders auf Ihre Biotinversorgung achten?

- Nehmen Sie regelmäßig Medikamente ein?
- Lieben Sie es, regelmäßig rohe Eier zu schlürfen?
- Trinken Sie regelmäßig große Mengen Alkohol?

Gegen die Blutarmut – Vitamin B_{12}

Unter dem Namen Vitamin B_{12} werden 4 verschiedene Verbindungen zusammengefaßt, die sich in ihrem Aufbau sehr ähneln und die alle ein Kobaltatom enthalten. Daher auch der gemeinsame Name der Gruppe: *Cobalamin.* Dabei ist Vitamin B_{12} der einzig bekannte Nährstoff, in dem das anorganische Spurenelement Kobalt enthalten ist.
Und noch eine weitere Besonderheit hat dieses Vitamin aufzuweisen. Seine Aufnahme im menschlichen Organismus hängt von einer in der Magenschleimhaut gebildeten Substanz ab, dem sogenannten *Intrinsic Faktor.* Dieser Faktor verbindet sich mit dem Vitamin, und erst der dadurch gebildete Komplex kann durch die Darmschleimhaut aufgenommen werden. Menschen, die aus noch ungeklärten Gründen diesen Faktor nicht bilden können, müssen Cobalamine gespritzt bekommen.
Vitamin B_{12} nimmt als Kofaktor an einer Vielzahl von enzymatische Reaktionen teil, z. B. bei der Bildung und dem Abbau einzelner Aminosäuren. Ganz besonders wichtig ist es für die Blutbildung. Es ist am Aufbau der Zellkernsubstanz beteiligt und damit für alle Wachstumsvorgänge unentbehrlich.
Ferner wirkt Vitamin B_{12} an der Bildung der aktivierten und damit funktionstüchtigen Folsäure mit. Einem Vitamin-B_{12}-Mangel folgt somit der Folsäuremangel auf den Fuß.

Quellen

Mikroorganismen (Bakterien) scheinen die einzigen Lebewesen zu sein, die Vitamin B_{12} bilden können. Bakterien, die im Darm von Tieren leben, sorgen somit für die notwendige Vitaminversorgung. Der Mensch kann das von seinen Darmbewohnern gebildete Vitamin B_{12} nur unzureichend aufnehmen, er muß zusätzlich welches mit der Nahrung zuführen.
Die besten Quellen für Vitamin B_{12} stellen tierische Lebensmittel dar. Einen besonders hohen Gehalt weisen dabei Leber, Nieren und Gehirn auf. Im Pansen von Wiederkäuern können hohe Mengen nachgewiesen werden, was auf dessen Bakterienreichtum zurückzuführen ist. Als weitere Quellen gelten Fisch, Eier, Milch, Milchprodukte und Käse.
In pflanzlichen Lebensmitteln, die in einer Symbiose mit Bakterien leben, kann Vitamin B_{12} in geringen Mengen nachgewiesen werden. Ein bekanntes Beispiel sind die Leguminosen (Erbsen, Bohnen, Linsen), in deren Wurzelknöllchen Bakterien wachsen, die wiederum Cobalamin produzieren. Durch den bakteriellen Gärungsprozeß enthalten auch Sauerkraut und Bier Spuren des Vitamins.

Zu wenig...

Der Mensch verfügt über Cobalaminspeicher, die für mehrere Jahre ausreichen. Dieser lange Zeitraum führt dazu, daß die ersten Mangelsymptome erst nach Jahren auftreten, dann aber nahezu alle Zellen des Körpers betreffen.
Fehlt es dem Organismus über einen langandauernden Zeitraum an Vitamin B_{12}, so kann es über eine gestörte Zellbildung im Knochenmark zu Blutarmut (Anämien) mit übergroßen, unreifen roten Blutkörperchen kommen. Oftmals ist hierfür eine gestörte Vitamin-B_{12}-Absorption im Darm verantwortlich.
Schäden am Rückenmark können ebenfalls auftreten. Gerade diese Nervenschäden machen es notwendig, eine Unterversorgung mit Vitamin B_{12} bereits im Frühstadium zu erkennen, da eine andauernde Unterversorgung zu irreparablen Schäden wie geistigen Störungen oder Lähmungen führen kann. Zungenbrennen und Entzündungen der Zunge können erste Anzeichen sein.

Zu viel...

Toxische Auswirkungen einer überhöhten Zufuhr mit der Nahrung sind nicht bekannt.

Checkliste

In welcher Situation sollten Sie besonders auf Ihre Vitamin-B_{12}-Versorgung achten?

- Gehören Sie der Gruppe der Senioren oder Seniorinnen an?
- Leben Sie streng vegetarisch, bzw. sind Sie Veganer oder Veganerin?
- Stillen Sie?
- Leiden Sie an Magen- oder Darmkankheiten?
- Nehmen Sie regelmäßig Medikamente ein, beispielsweise gegen einen zu hohen Cholesterinspiegel?

Nicht nur zur Winterzeit – Vitamin C

Obwohl Vitamin C erst 1928 entdeckt wurde, blickt das Vitamin doch auf eine lange Geschichte zurück. Bereits 1550 v. Chr. wird der Vitamin-C-Mangel Skorbut beschrieben. Jahrhundertelang bezahlten unzählige Seefahrer, Entdeckungsreisende und Kreuzritter den Mangel mit ihrem Leben. Licht in diese mysteriöse Krankheit brachte im 16. Jahrhundert ein französischer Kapitän, der an Skorbut Erkrankte mit frischem Obst behandelte. Heute gehört Vitamin C, auch *Ascorbinsäure* genannt, wohl zu den bekanntesten Vitaminen überhaupt. Außer dem Menschen, Menschenaffen, dem Meerschweinchen und einigen Vogelarten können alle Tierarten Ascorbinsäure selbst bilden.
Vitamin C gehört zu den am besten dokumentierten Substanzen in der wissenschaftlichen Fachwelt. Die Erforschung seiner Funktionen ist im Gegensatz zu der anderer Vitamine bereits sehr weit fortgeschritten:

- Aufgrund seiner chemischen Eigenschaften spielt es eine Rolle bei der Kollagensynthese. Kollagen ist als tierisches Eiweiß Bestandteil von Haut, Binde- und Stützgewebe, Knochen, Knorpeln und Zähnen. Dies erklärt die Bedeutung von Ascorbinsäure für Wundheilungsprozesse und Narbenbildung sowie für das Wachstum des Organismus.

- Ganz wichtig sind seine Funktionen bei der Verwertung anderer Nährstoffe.
- Vitamin C ist an der Eisenresorption im Dünndarm beteiligt; dazu muß es jedoch gleichzeitig mit der Mahlzeit aufgenommen werden.
- Vitamin C ist unerläßlich für eine reibungslose Arbeit der weißen Blutkörperchen sowie für die Bildung der Antikörper im Rahmen der Immunabwehr. Hinweise über stimulierende oder infektverhütende sowie erkältungsschützende Wirkungen von Vitamin-C-Gaben im Megadosenbereich konnten bisher nicht bewiesen werden.
- Eine sehr wichtige, bisher jedoch noch nicht eindeutig geklärte Rolle spielt Vitamin C im Streßgeschehen.
- Vitamin C verhindert die Bildung der gefährlichen krebsauslösenden und für die Leber giftigen Nitrosamine im Magen. Ein lehrreiches Beipiel für die Entstehung von Nitrosaminen ist die Spinatzubereitung: Die Spinatpflanze braucht zum Wachstum Nitrat. Wird dieser Spinat in der Küche zubereitet und nicht sofort gegessen, bilden Bakterien bereits bei Zimmertemperatur das enthaltende Nitrat in Nitrit um. Am nächsten Tag verzehrt, kann im Magen das Nitrit mit aminreichen Lebensmitteln wie Käse das gefährliche Nitritosamin bilden – und hier schafft Vitamin C Abhilfe.
- Des weiteren erleichtert Vitamin C die Ausscheidung von Schwermetallen wie Blei und kann somit in geringer Weise entgiftend wirken.

Die antioxidative Wirkung des Vitamin C

Neben seiner Vitaminwirkung wirkt Ascorbinsäure als Antioxidans. In Zusammenarbeit mit Vitamin E und Beta-Karotin schützt es die Zellen im Organismus vor den schädlichen Auswirkungen des Sauerstoffs (s. Seiten 22 und 27). Des weiteren existiert eine spezielle Zusammenarbeit zwischen Vitamin C und Vitamin E: Ascorbinsäure ist in der Lage, das bei den Entgiftungsreaktionen von Vitamin E mit schädlichen Substanzen entstehende Vitamin-E-Radikal wieder in die unschädliche und hochwirksame Ausgangsform zurückzuführen. Aufgrund dieser enorm wichtigen Funktionen wird derzeit diskutiert, ob die Empfehlung für eine Vitamin-C-Zufuhr von 75 auf über 100 mg pro Tag angehoben werden sollte.

Vitamin C aus der Fabrik

Vitamin C wird in großem Umfang industriell hergestellt und genutzt. Von der Gesamtmenge, die industriell produziert wird, geht eine Hälfte in technische Bereiche, wie Photographie, Plastikherstellung oder Wasseraufbereitung. Die andere Hälfte findet ihren Weg „zurück" ins Lebensmittel. Dabei stehen weniger seine Vitaminwirkungen im Vordergrund als vielmehr produkttechnische Eigenschaften: Vitamin C in Getränken als Farb-, Geschmacks- und Schaumstabilisator, Vitamin C als Backhilfsmittel bei der Verarbeitung von Weizenmehl, Vitamin C in der Herstellung von Kartoffelchips, dadurch wird ein Ranzigwerden der Fettreste verhindert.

Quellen

Vitamin C ist in allen frischen Obst- und Gemüsesorten und deren Säften enthalten. Besonders reiche Quellen sind Sanddorn, Hagebutte, Holunder, Johannisbeeren, Paprika und die Zitrusfrüchte.

Zu wenig...

Massiver Ascorbinsäuremangel führt zu Skorbut. Heute ist diese Krankheit sehr selten geworden – ein leichter Vitamin-C-Mangel dagegen tritt immer wieder einmal auf. Bei Skorbut kommt es zu schweren Störungen des Bindegewebesstoffwechsels, zu Knochen- und Gelenkveränderungen und zu Zahnfleischbluten. Ist die Krankheit weiter fortgeschritten, kommen Blutungen unter der Haut, in der Muskulatur, im Auge und im Gehirn hinzu. Beim Vitamin-C-Mangel unterbleibt die Wundheilung und Narbenbildung, bereits verheilte Wunden brechen wieder auf.
Weniger ausgeprägte Mangelzustände sind nur schwer zu erkennen und äußern sich in Form von Schwäche, leichter Ermüdbarkeit, Knochenschmerzen und Schleimhautveränderungen im Mundbereich.

Zu viel...

Der Konsum von Vitamin-C-haltigen Lebensmitteln ist absolut unbedenklich, es konnten bisher keine toxischen Auswirkungen festgestellt werden. Es bestehen jedoch Zweifel über die Unbedenklichkeit bei der Einnahme hochdosierter pharmakologischer Präparate über einen langen Zeitraum. Teilweise wurden Verdauungsstörungen wie Durchfall beobachtet. Von großer Bedeutung ist die mögliche Gefahr einer Bildung von Nierensteinen.

Checkliste

In welcher Situation sollten Sie besonders auf Ihre Vitamin-C-Versorgung achten?

- Essen Sie selten frisches Obst und Gemüse?
- Sind Sie Diabetiker bzw. Diabetikerin?
- Leiden Sie oft an Infektionen oder unter Streß?
- Erholen Sie sich gerade von einer schweren Erkrankung?
- Rauchen Sie?
- Trinken Sie viel Alkohol?
- Nehmen Sie regelmäßig Medikamente ein?
- Sind Sie hohen Konzentrationen an Luftschadstoffen ausgesetzt?
- Sind Sie schwanger oder stillen Sie?

Wissenswertes zu den Empfehlungen

Die Aktualisierung der „Empfehlungen für die Nährstoffzufuhr" gehört zu den Aufgaben der Deutschen Gesellschaft für Ernährung (DGE), die ihr nach der eigenen Satzung obliegen. Die Untergliederung nach den einzelnen Nährstoffen erfolgt folgendermaßen:

- Energie
- Protein, Fett, essentielle Fettsäuren, Kohlenhydrate, Ballaststoffe
- Alkohol, Wasser
- Mineralstoffe
- Vitamine

Die Empfehlungen der DGE gelten für nahezu alle gesunden Kinder, Männer und Frauen der jeweils angegebenen Altersgruppe. Für Schwangere und Stillende wird der Mehrbedarf gesondert aufgeführt. Die angebenen Mengen sollen vor ernährungsbedingten Gesundheitsschäden schützen und volle Leistungsfähigkeit und Lebensfreude ermöglichen.

Die Empfehlungen werden in Gewichtseinheiten angegeben. Um auch die vitaminwirksamen Vorstufen und Abkömmlinge zufriedenstellend berücksichtigen zu können, werden die Mengen bei den Vitaminen A, E, Niacin und Folsäure in „Äquivalenten" angegeben. Folgendes Beispiel soll diesen Sachverhalt verdeutlichen helfen: In den Wert Retinol-(Vitamin A-)Äquivalent gehen sowohl die durchschnittliche Aufnahmerate der Karotinoide im Darm als auch die Effizienz ihrer Umwandlung in Vitamin A ein.

Es bleibt festzuhalten, daß sich die Empfehlungen am jeweils gültigen Forschungsstand orientieren und sich Änderungen – aufgrund neuer wissenschaftlicher Erkenntnisse – immer ergeben können.

Vitamin	Tagesmengen-Empfehlung der DGE für Erwachsene ab 19 Jahren		Quellen
	Männer	Frauen	
A (Retinol-Äqivalent)	1,0 mg	0,8 mg	Fischtran, Butterfett, Leber, Eidotter, Fisch, Milch und Milchprodukte
Beta-Karotin	konkrete Mengenangaben liegen nicht vor		Karotten, gelbe und dunkelgrüne Blattgemüse, Kürbisse, Aprikosen, Melonen
D	5 µg	5µg	Lebertran, Fisch, Milch, Eier, Pilze
E (Tocopherol-Äquivalent)	12,0 mg	12,0 mg	Schwarzwurzeln, Getreidekeim-, Soja-, Leinöl, Lauch, Haferflocken, Hülsenfrüchte, Mandeln, Nüsse
K	70–80 µg	60–65 µg	Sauerkraut, Spinat, Brokkoli, Rosenkohl, Grünkohl, Erbsen, grüne Bohnen, Karotten, Kartoffeln, Milch, Eier, Fleisch
B_1	1,3–1,4 mg	1,1–1,2 mg	Haferflocken, Weizenkleie, Innereien, Schweinefleisch, Kartoffeln, Hefe
B_2	1,7 mg	1,5 mg	Milch, Fleisch, Eier, Getreide, Seefisch, Hefe, Vollkorngetreideerzeugnisse
Niacin (Niacin-Äquivalent)	18 mg	15 mg	Fleisch, Innereien, Fisch, Vollkorngetreideerzeugnisse
B_6	1,8 mg	1,6 mg	Leber, Hühnchen, Schweinefleisch, Fisch, Vollkorngetreideerzeugnisse, Nüsse, Hefe, Bananen
Folsäure (Folat-Äquivalent)	150 µg	150 µg	Hefe, Weizenkeime, Leber, Blattgemüse
Pantothensäure	6 mg	6 mg	Hefe, Leber, Niere, Eigelb, Vollkorngetreideerzeugnisse, Leguminosen
Biotin	30–100 µg	30–100 µg	Leber, Hefe, Niere, Eigelb, Sojabohne, Erdnüsse, Weizenkeime, Möhren
B_{12}	3,0 µg	3,0 µg	Innereien, Fisch, Eier, Milch, Käse
C	75 mg	75 mg	Sanddorn, Hagebutte, Holunder, Johannisbeere, Zitrusfrüchte, Paprika

Wichtige Wirkungsbereiche	Zu wenig Mangelerscheinungen	Zu viel
Haut und Schleimhäute, Sehvorgang	Nachtblindheit, Entwicklungsstörungen, Hautveränderungen	Kopfschmerzen, Erbrechen, Apathie Appetitverlust, Knochen- und Gelenkschmerzen
Vitamin-A-Vorstufe, Antioxidans	wurde bis heute nicht beobachtet	wurde bis heute nicht beobachtet
Kalzium- und Phosphatstoffwechsel, Knochen, Zähne	Knochendeformationen	Ca- Ablagerungen in Herz, Lunge, Niere. Müdigkeit, Kopfschmerzen, Knochenentkalkung
Antioxidans, Zellschutz	Degeneration am Nervensystem, Muskelschwund, Anämie	Verdauungsstörungen, Kopfschmerzen, Müdigkeit, Sehstörungen
Blutgerinnung	Blutungsneigung, Verzögerung der Blutgerinnung	wurde bis heute nicht beobachtet
Kohlenhydratstoffwechsel, Nervensystem	Störungen im Nervensystem, Herz-Kreislauf-Störungen	Herzrasen, Kopfschmerzen, Schweißausbrüche
Eiweiß- und Kohlenhydratstoffwechsel	Hautirritationen, Seh- und Wachstumsstörungen	wurde bis heute nicht beobachtet
Fett-, Kohlenhydrat- und Eiweißstoffwechsel, Nervensystem, Herz	Haut- und Schleimhautveränderungen, Störungen am Nervensystem	Hitzegefühl, Hautrötungen, Verdauungsbeschwerden, Leberschäden
Eiweißstoffwechsel, Nervensystem	nervöse Störungen, Anämie, Wachstumsstörungen	Reflexstörungen, Gangstörungen, Kopfschmerzen
Blutbildung, Zellneubildung	Anämie, Schleimhautveränderungen im Verdauungstrakt	Durchfall, Schlaflosigkeit, Depressionen
Fett-, Kohlenhydrat- und Eiweißstoffwechsel, Hormonbildung	Sensibilitätsstörungen, schlechte Wundheilung	leichte Verdauungsstörungen
Fett-, Kohlenhydrat- und Aminosäurestoffwechsel	Hautveränderungen nervöse Störungen	wurde bis heute nicht beobachtet
Blutbildung	Anämien, Nervenschäden, Schleimhautveränderungen	wurde bis heute nicht beobachtet
Gewebeaufbau, Abwehrkräfte, Antioxidans	erhöhte Infektionsanfälligkeit, verzögerte Wundheilung, Muskelschmerzen, Zahnausfall	Durchfall, Nierensteine

Vitamine für jedermann

Säuglinge, Kinder und Jugendliche

Die Phase der ersten Lebensjahre eines Menschen ist ganz entscheidend von den körperlichen Wachstumsvorgängen geprägt. „Bist Du aber groß geworden" – ein Ausspruch, der diese Tatsache immer wieder aufs neue beschreibt.
Das gesunde Wachstum und die zeitgemäße Entwicklung eines Organismus stellt ganz besondere Anforderungen an die tägliche Nährstoffzufuhr. Durch die regelmäßige Zufuhr aller nötigen Nährstoffe muß es dem Körper möglich sein, all die Stoffe herzustellen, die er zum eigenen Wachstum braucht. Säuglinge, die noch weitestgehend Muttermilch oder Ersatzmilch trinken, stellen dabei ganz andere Anforderungen an ihre Ernährung als Kindergartenkinder oder Jugendliche in der Pubertät. Ein Vitaminmangel kann dabei dramatische Folgen haben, aber auch mit vielerlei unspezifischen Symptomen einhergehen.

Gesundheit für die Kleinsten oder Pillen für Blut und Knochen

Es besteht Einigkeit unter den Experten:

Die Muttermilch ist die beste Art der Ernährung in den ersten Lebensmonaten des Säuglings.

Ihr Gehalt an Nährstoffen ist den Bedürfnissen des Kindes genau angepaßt. Die einzige Ausnahme bildet das Vitamin D. Dieses Vitamin ist uner-

läßlich für die Festigkeit der Knochen. Bei Mangel droht im schlimmsten Fall Rachitis mit Verformungen der Beinknochen und der Ausbildung eines Buckels. Zur Vorbeugung gesundheitlicher Schäden ist es daher sinnvoll, unter Aufsicht des Haus- oder Kinderarztes auf Vitamin-D-Präparate zurückzugreifen.
Auf Empfehlung der Ernährungskommission der Deutschen Gesellschaft für Kinderheilkunde werden alle industriell hergestelleten Säuglingsmilchpräparate mit 10 Mikrogramm Vitamin D pro Liter Milch angereichert. Unabhängig von der Art der Ernährung sollten beide – gestillte und mit Milchpräparaten gefütterte Kinder – im 1. Lebensjahr zusätzlich eine tägliche Gabe Vitamin D von 10 bzw. 12,5 Mikrogramm in Pillenform erhalten. Beim Kleinkind ist nach ausreichender Versorgung mit Vitamin D im 1. Lebensjahr die Gefahr einer Rachitis so gut wie gebannt. Durch vermehrten Aufenthalt im Freien kommt die Eigensynthese in der Haut so richtig in Schwung.
Das 2. kritische Vitamin bei Säuglingen ist das Vitamin K. Zu wenig davon kann besonders in dieser Altersgruppe dramatische Auswirkungen in Form von Gehirnblutungen haben. Die Ernährungskommission der Deutschen Gesellschaft für Kinderheilkunde empfiehlt in aller Regel eine Vitamin-K-Prophylaxe zu 3 Terminen: bei allen gesunden Neugeborenen eine orale Dosis von 1 mg Vitamin K, 2 weitere Gaben bei den Vorsorgeuntersuchungen U2 und U3.
Ab dem 3. Lebensjahr gilt es, besonders auf 2 Vitamine ein Auge zu haben: Vitamin A (vor allem in Form von Beta-Karotin) und Vitamin C. Der Bedarf des Kleinkinds ist bei diesen beiden Nährstoffen im Verhältnis zum Energiebedarf höher als bei einem Erwachsenen.
Frisches Obst, knackige Salate und Gemüse gehören somit auf den täglichen Speiseplan. Auch wenn die Kleinen lieber Currywurst und Pommes wollen. Man muß darauf achten, daß nicht – um die eigenen Nerven zu schonen – Mangelerkrankungen in späteren Tagen hier ihren Anfang nehmen.

Jugendliche – ihre Lebensumstände erhöhen den Bedarf

In der Pubertät legen Jugendliche nochmals kräftig an Länge zu, was eine erhöhte Vitaminzufuhr erforderlich macht. Wenn vitaminarme Schnellimbisse (Fast food) einen wesentlichen Teil der täglichen Nahrungszufuhr aus-

machen, besteht grundsätzlich die Gefahr einer Mangelernährung. So lassen sich mit Coca-Cola, Apfeltasche und Pommes frites zwar ein großer Teil des Energiebedarfs decken, nicht jedoch der Vitamin- und Mineralstoffbedarf. Ein Hamburger mit Salat und Orangensaft bringt dagegen auch viele Vitamine auf den Tisch – auch das kann Fast food sein.
Bei Jugendlichen sollte besonderes Augenmerk auf die Vitamine Thiamin, Riboflavin, Folsäure, A, E und C gelegt werden. Die Auswirkungen eines Vitaminmangels müssen dabei nicht immer ganz offensichtlich in Erscheinung treten. Auch mangelnde Konzentrationsfähigkeit, Abgespanntheit und Müdigkeit können mit einem Zuwenig an Vitaminen zusammenhängen.
Ein Großteil der Mädchen und jungen Frauen nehmen zur Empfängnisverhütung die Pille. Die hohen Hormongehalte können den Vitaminhaushalt gehörig durcheinanderbringen. Zu beachten sind dabei besonders die Vitamine B_6 und Folsäure.

Vitamin C und Eisen

Ein interessanter Zusammenhang besteht zwischen den beiden Nährstoffen Vitamin C und Eisen. Nach Ansicht der Deutschen Gesellschaft für Ernährung (DGE) besteht in den ersten beiden Lebensjahren und während der Pubertät die Gefahr eines Eisenmangels. Um das in der Nahrung befindliche Spurenelement besser aufnehmen zu können, ist es sinnvoll, parallel Lebensmittel mit einem hohen Gehalt an Vitamin C zu verzehren.
Auch aus diesem Grund ist auf die Zusammensetzung der Mahlzeiten besonderer Wert zu legen.

Schwangere und Stillende

Egal, ob als werdende oder stillende Mutter – eine ausgewogene Ernährung ist die Grundlage für die optimale Entwicklung des Fetus bzw. des Säuglings. Und so ganz nebenbei kann auch die Frau viel Gutes für sich tun.
Der Körper verfügt bei einigen Vitaminen über eine erhebliche Speicherkapazität. Es ist sinnvoll, zu Beginn oder besser noch vor der Schwangerschaft die Speicher durch eine ausreichende Nährstoffzufuhr zu füllen. Es gilt: Ist die werdende Mutter gut versorgt, dann kann nichts passieren.

Während der *Schwangerschaft* sehen sich viele Frauen einem ganz entscheidenden Problem konfrontiert: Während der Bedarf an einigen Nährstoffen zum Teil ganz beachtlich zunimmt (bis zu 100 %), erhöht sich der Energiebedarf nur geringfügig (um etwa 14 %).
Das läßt sich nur mit Lebensmitteln erreichen, die eine hohe Nährstoffdichte aufweisen. In diesen Lebensmitteln muß das Verhältnis Nährstoff- zu Energiegehalt hoch sein.
Beispiele für Lebensmittel mit hohen Nährstoffdichten sind frisches Obst und Gemüse. Verwendung finden sollten in erster Linie inländische Erzeugnisse entsprechend der Jahreszeit (s. Seite 79). Auf Tiefkühlerzeugnisse (s. Seite 78) kann ebenfalls ohne Bedenken zurückgegriffen werden.
Besonders kritisch ist die Versorgung mit Folsäure, Thiamin und Riboflavin zu betrachten. Folsäure ist zusammen mit Vitamin B_{12} sowohl für die Bildung und Reifung der roten Blutkörperchen als auch für die Zellteilung verantwortlich; ein Umstand, der gerade in der Schwangerschaft von größter Bedeutung ist. Kommt es in dieser Zeit zu einem Folsäuremangel, kann dies zu Mißbildungen, im Extremfall zu Früh- oder sogar Totgeburten führen.
Folsäure ist – ebenso wie Vitamin C – sehr hitzeempfindlich. Gemüse gehört aus diesem Grund nur kurz in kochendes Wasser. Oder wie wäre es ab und zu mit einer Portion Rohkost?
Häufig vorkommende Übelkeit vor allem zu Beginn der Schwangerschaft soll durch die Zufuhr von Vitamin B_6 günstig beeinflußt werden können.
Während der *Stillzeit* sollte die Nährstoffzufuhr für die Mutter noch über den Zuschlägen in der Schwangerschaft liegen. So muß zum einen dem Aufbau von Körpersubstanz des Kindes, zum anderen der Wiederauffüllung der eignen Reserven Rechnung getragen werden.
Wie schon in der Schwangerschaft sollten gezielt Lebensmittel mit hoher Nährstoffdichte verzehrt werden, um einen Mangel zu vermeiden. Der Gehalt der Milch an wasserlöslichen Vitaminen, Vitamin E und Karotinoiden wird dabei ganz entscheidend von der Nahrung der Mutter mitbestimmt.
Die in der folgenden Tabelle empfohlene Mehrzufuhr für Schwangerschaft und Stillzeit bezieht sich auf die Empfehlungen der Deutschen Gesellschaft für Ernährung für Frauen mit überwiegend sitzender Tätigkeit. Bis auf Folsäure und Vitamin B_{12} gelten die Angaben für Schwangere ab dem 4. Monat .
Eine Ergänzung mit synthetischen Vitaminpräparaten sollte nur dann in Erwägung gezogen werden, wenn die wünschenswerte Versorgung nicht mit der Nahrung erreicht werden kann. In solchen Fällen ist es sinnvoll, sich von Arzt bzw. Ärztin aufklären und beraten zu lassen.

Vitamin	Schwangere		Stillende	
	empfohlene Mehrzufuhr	Steigerungsrate in %	empfohlene Mehrzufuhr	Steigerungsrate in %
A	0,3 mg	38	1 mg	125
D	5 µg	100	5 µg	100
E	2 mg Äqiuival.	17	5 mg Äquival.	42
K	–	–	–	–
B_1	0,4 mg	36	0,6 mg	54
B_2	0,3 mg	20	0,8 mg	53
Niacin	2 mg Äquival.	13	5 mg Äquival.	33
Folsäure	150 µg Äquival.	100	75 µg Äquival.	50
B_6	1 mg	63	0,6 mg	38
Pantothensäure	–	–	–	–
Biotin	–	–	–	–
B_{12}	0,5 µg	17	1 µg	33
C	25 mg	33	50 mg	67

Erwachsene – Arbeit in Haushalt und Beruf

Einfach-, Doppel- und Dreifachbelastung in Familie, Haushalt und Beruf ist fast immer mit hohen psychischen und physischen Anforderungen an den Organismus verbunden. Zeitnot und Termindruck, Ärger mit den Geschäftskollegen oder Kindern – kurz gesagt: Streß ist ein ständiger Begleiter des modernen Menschen geworden.
Und wo die Vorfahren mit körperlicher Aktivität für ein Gegengewicht sorgen konnten, findet sich heutzutage ein ausgeprägter Bewegungsmangel.
Streß führt einerseits zu einem höheren Vitaminverbrauch und somit zu einem erhöhten Bedarf, andererseits ist die ausreichende Versorgung Voraussetzung für die erfolgreiche Bewältigung von Streß.
Besondere Beachtung verdienen in diesem Zusammenhang Folsäure und Pantothensäure. Wer ständig das Gefühl hat, unter Streß zu stehen, sollte zusätzlich auf eine ausreichende Vitamin-C-Zufuhr achten. Als Zwischenmahlzeit bieten sich frisches Obst und Milchprodukte an.
Wer in Streßsituationen zur Zigarette greift, bringt sich noch mehr in Schwierigkeiten: Rauchen erhöht den Vitamin-C-Bedarf noch zusätzlich. Starke Raucher sollten um 40 % mehr Vitamin C zu sich nehmen als Nichtraucher.

Wer körperlich schwer arbeitet...

Schwer- und Schwerstarbeiter, wie Waldarbeiter, Landwirte, Maurer oder Masseure, weisen einen höheren Energiebedarf auf als Menschen, die vorwiegend im Sitzen arbeiten. Das schlägt sich auch in den Empfehlungen für die Nährstoffzufuhr nieder.
Mehr Energie bedeutet auch ein Mehr an bestimmten Vitaminen. Das gilt in besonderem Maße für die Vitamine B_1, B_2 und B_6. Übrigens werden unter Schwer- und Schwerstarbeiter auch die Leistungssportler eingeordnet (s. Seite 61).

Senioren und Seniorinnen

Der Eintritt in den 3. Lebensabschnitt ist durch tiefgreifende Veränderungen im Umfeld des Menschen, aber auch in seinem Körper gekennzeichnet. Der Stoffwechsel verlangsamt sich, und damit nimmt auch der Energiebedarf ab. Gleichzeitig aber bleibt der Bedarf an Nährstoffen größtenteils unverändert. Um einen Mangel zu vermeiden, ist es sinnvoll Lebensmittel mit einer hohen Nährstoffdichte (s. Seite 55) auszuwählen.
Generell wird die Nahrungsaufnahme älterer Menschen durch eine Vielzahl von Faktoren beeinträchtigt:

- Das Einkaufen und die Zubereitung der Lebensmittel bereiten zunehmend größere Schwierigkeiten;
- Appetitlosigkeit und Einsamkeit machen sich breit;
- das Geschmacksempfinden läßt nach, und es treten Probleme beim Kauen auf;
- die finanziellen Möglichkeiten verhindern die Beibehaltung der Ernährungsgewohnheiten.

Die Folge ist, daß mit der Nahrung oft nicht mehr genügend Vitamine aufgenommen werden.
Zusätzlich lehnen gerade Senioren und Seniorinnen vermehrt wirkstoffreiche Lebensmittel ab und können die Vitamine – in den kleiner werdenden Portionen – aufgrund physiologischer Unzulänglichkeiten generell schlechter ausnutzen. Die Einnahme von Medikamenten kann sich zudem ebenfalls negativ auf die Vitaminversorgung auswirken.

Welche Vitamine sind besonders betroffen?

- In den sonnenarmen Monaten sollten vor allem ältere Frauen auf eine ausreichende Vitamin-D-Zufuhr mit der Nahrung achten. Es wird vermutet, daß zwischen einer ungenügenden Vitamin-D-Versorgung und dem Auftreten von Osteoporose (s. Seite 25) bei Frauen ein Zusammenhang besteht. Zwar werden für diese Knochenkrankheit mehrere Faktoren in Kombination verantwortlich gemacht, eine direkte Beziehung zum Vitamin-D-Haushalt kann jedoch nicht ausgeschlossen werden.
- Die Versorgung älterer Menschen mit Vitamin C scheint zumindest bei Männern nicht gesichert zu sein. Mit schweren Mangelerscheinungen ist allerdings nicht zu rechnen, eher mit leichten Beeinträchtigungen des psychischen Wohlbefindens und der Infektabwehr. Der Verzehr von frischem Obst und Gemüse sollte deshalb täglich auf der Speisekarte stehen.
- Bei alten Menschen sind Vitamin-B_{12}-Mangelzustände als Folge von Veränderungen der Magenschleimhaut häufiger anzutreffen als bei jungen Menschen. Durch den fehlenden Intrinsic Faktor (s. Seite 43) kann das Vitamin – auch bei ausreichender Zufuhr mit der Nahrung – nicht aufgenommen werden.
- In Untersuchungen wurde festgestellt, daß ein eindeutiger Zusammenhang zwischen einem Mangel an Vitamin E und Beta-Karotin und der Entstehung des grauen Stars (einer Trübung der Augenlinse) besteht. Fehlt es an diesen Substanzen, steigt das Erkrankungsrisiko.

> Generell gilt, daß ein mäßiges Zuviel an essentiellen Nährstoffen – und damit auch an Vitaminen – für den gesunden alten Menschen keine Nachteile bringt. Mit einer vitamin- und wirkstoffreichen Ernährung kann Krankheiten vorgebeugt, eine Therapie wirksam unterstützt und auch der Verbrauch an Medikamenten eingeschränkt werden.

Kranke

Auf der einen Seite sind kranke Menschen im Genesungsprozeß auf eine optimale Versorgung mit Vitaminen angewiesen. Wird sie dem Körper nicht zur Verfügung gestellt, kann sich die Rekonvaleszenz verlangsamen. Der Bedarf kann zusätzlich durch Fieber und einen gesteigerten Stoffwechsel erhöht sein.
Auf der anderen Seite bedeutet Kranksein in der Regel auch immer „Medikamente schlucken". Die negativen Auswirkungen auf die Vitaminaufnahme im Darm können dadurch beträchtlich sein. Aus diesen Gründen ist es sinnvoll, gerade bei erkrankten Menschen die Vitaminzufuhr besonders im Auge zu behalten.
Engpässe können bei Vitamin C und den Vitaminen der B-Gruppe auftreten. Dabei muß man sich jedoch immer nach den Empfehlungen des behandelnden Arztes richten.
Einige Beispiele sollen diesen Sachverhalt erläutern (s. auch Seite 68):

- Die Dauerbehandlung mit Zytostatika, also Medikamenten, die in der Krebsbehandlung eingesetzt werden, erfordert eine zusätzliche Thiamingabe.
- Bei chronischen Entzündungen der Dünndarmschleimhaut steigt der Bedarf an Riboflavin an.
- Tuberkulostatika (Mittel zur Beandlung der Tuberkulose) und Antikonvulsiva (krampflösende Mittel) hemmen die Absorption von Vitamin B_{12}.
- Mangelzustände, die durch lange Behandlung mit Sulfonamiden entstehen können, bessern sich nach Pantothengabe. Diabetiker und Diabetikerinnen brauchen aufgrund einer erhöhten Ausscheidung mehr Pantothensäure.
- Oral eingenommene Antibiotika senken die Verfügbarkeit von Niacin.
- Bei Infektionskrankheiten und nach Operationen ist der Bedarf an Vitamin C erhöht.

Ist zusätzlich die Möglichkeit der Nahrungszufuhr beschränkt, wie das beispielsweise bei Patienten mit totaler parenteraler Ernährung der Fall ist, werden routinemäßig Multivitaminpräparate gegeben.

Vegetarier und Vegetarierinnen

$a^2 + b^2 = c^2$ – dieser berühmte Lehrsatz in der Geometrie ist nicht die einzige Erfindung, die dem griechischen Philosophen Pythagoras (um 580–596 v. Chr.) zugeschrieben werden. Er soll zudem der Begründer der vegetarischen Lebensweise sein. In heutiger Zeit findet der Vegetarismus eine steigende Zahl von Anhängern.

Allen überzeugten Vegetariern und Vegetarierinnen ist gemeinsam, daß der Verzehr von Fleisch und Fleischprodukten abgelehnt wird, der von Rohkost dagegen im Vordergrund ihrer Ernährung steht. Zudem wird weitestgehend auf Nikotin und Alkohol verzichtet. Innerhalb der Gruppe der Vegetarier werden heute 5 verschiedene Ausprägungen unterschieden:

- Halbvegetarier (kein Verzehr von Fleisch und Fleischprodukten);
- Ovo-Lacto-Vegetarier (zusätzlich kein Verzehr von Fisch);
- Lactovegetarier (zusätzlich kein Verzehr von Eiern);
- Vegans oder strenge Vegetarier (kein Verzehr von Fleisch, Fisch, Eiern, Milch, Milchprodukten und Honig);
- Rohköstler oder neue Vegetarier (zusätzlich kein Verzehr von gekochter Nahrung).

Die Zufuhr an Vitaminen sollte bei Vegetariern differenziert betrachtet werden.

Mit dem Genuß von frischem Obst und Gemüse werden ausreichend große Mengen an Beta-Karotin und Vitamin C, Folsäure sowie an Thiamin aufgenommen. Dagegen liegt die Zufuhr an den Vitaminen D und B_{12} oftmals deutlich unterhalb der Empfehlungen, was nicht verwundert, sind diese Vitamine doch hauptsächlich in tierischen Lebensmitteln enthalten.

Obgleich Vitamin B_{12}, das nur von Mikroorganismen synthetisiert werden kann, als das klassische Problemvitamin der Vegetarier angesehen wird, kann in der Regel durch den Verzehr von Wurzelgemüsen, Leguminosen, milchsauren Gemüseprodukten sowie durch natürliche bakterielle Kontamination der Lebensmittel der Bedarf überwiegend gedeckt werden. Die Gefahr eines Vitamin-B_{12}-Mangels besteht nur bei vieljähriger strikter vegetarischer Ernährung, die weder Milch noch Eier enthält. Voll gestillte Säuglinge derart ernährter Mütter sind einem besonders hohen Risiko ausgesetzt.

Da Vitamin D in der Regel ausreichend im menschlichen Organismus gebildet werden kann, wird die niedrige Zufuhr mit der Nahrung im allgemeinen nicht als besonders kritisch angesehen. Dennoch gilt es – und das insbeson-

dere für weibliche Vegetarier im Seniorenalter –, auf einen regelmäßigen Aufenthalt im Freien und auf eine vermehrte Zufuhr mit der Nahrung in den Wintermonaten zu achten.
Die vegetarische Lebensweise muß keine negativen Auswirkungen auf die Versorgung mit Vitaminen haben, ganz im Gegenteil. In Untersuchungen wurden für Vegetarier eine weit geringere Krankheitsanfälligkeit sowie ein günstigers Körpergewicht und geringere Blutdruckwerte als bei Fleischessern festgestellt.
Von Vorteil für die eigene Gesundheit ist ein umfangreiches Ernährungswissen, damit die Auswahl der Nahrungsmittel und deren Zubereitung keine Wünsche offenläßt.
Empfehlenswerte Lebensmittel scheinen vor allem folgende zu sein: die Sojaprodukte Tempeh, Miso und Natto, Sauerkraut, milchsaure Gemüse, Brottrunk und Algen. Aufgrund der geringen Speicherfähigkeit von Kindern sollte eine veganische Kostform bei ihnen auf jeden Fall vermieden werden.

Sportler und Sportlerinnen

Gerade im Leistungssport gibt die Nährstoffgruppe der Vitamine vielerorts Anlaß zu verstärkten Hoffnungen und Spekulationen bezüglich einer individuellen Leistungssteigerung – erzielt durch die Einnahme von hochdosierten Vitaminpräparaten. Eine Umfrage unter den Sportlern und Sportlerinnen bei den olympischen Spielen 1984 in Los Angelos ergab, daß etwa 90 % der Befragten zusätzlich zur Ernährung Vitaminpräparate eingenommen hatten. Inwieweit die Vitaminpräparate halten, was sich viele von ihnen versprechen, ist noch nicht hundertprozentig geklärt. Eine kürzlich durchgeführte Studie brachte wieder etwas mehr Licht in den Bereich Sport und Vitamine. An Marathonläufern konnte gezeigt werden, daß nach Gabe von Vitamin E die schädliche Wirkung der Stoffwechselprodukte gemindert werden konnte. Die Folgerung: Je besser die Vitamin-E-Versorgung, um so leichter wird der Organismus mit körperlicher Anstrengung fertig.
Bei all den großen Erwartungen darf eines nicht vergessen werden: Bei Megadosierungen an Vitaminen steigt auch die Gefahr von Nebenwirkungen. Aus diesen Gründen ist es sinnvoll, in der Ernährungsberatung von Sportlern und Sportlerinnen zunächst den Verzehr von Lebensmitteln mit

einer hohen Vitamindichte zu empfehlen. Besteht jedoch bereits ein Vitamindefizit, ist durch die Supplementation ein sicherer und schneller Ausgleich möglich.
Freizeitsportler und -sportlerinnen weisen – ebenso wie Leistungssportler – bei regelmäßiger sportlicher Betätigung einen erhöhten Bedarf an Kohlenhydraten auf. Daß der Kohlenhydratbedarf steigt, heißt jedoch nicht unbedingt, daß bedeutend mehr an Energie benötigt wird. Vielmehr richtet sich der Bedarf nach Intensität und Dauer der sportlichen Betätigung. Der regelmäßige Blick auf den Zeiger der Waage kann dabei helfen, das richtige Maß zu finden.
Bei erhöhtem Trainingsspektrum steigt nach Ansicht des Instituts für Sporternährung in Bad Nauheim der Bedarf an Vitaminen und Mineralstoffen an. Um Versorgungslücken zu verhindern und damit einem Leistungsabfall vorzubeugen, reicht es in der Regel aus, die Ernährung entsprechend einer hohen Vitamindichte zu gestalten.
Ungünstiger stellt sich dagegen die Situation bei den Sportarten dar, bei denen sich ein niedriges Körpergewicht als vorteilhaft herausgestellt hat (beispielsweise Laufen, Turnen, Judo und andere Kampfsportarten). Um das ideale Körpergewicht zu halten oder zu erreichen, wird weniger gegessen, und damit werden oftmals auch weniger Vitamine aufgenommen. Somit sind die Aktiven häufig von einem Vitaminmangel bedroht.

Eine unzureichende Vitaminaufnahme beeinträchtigt aber in jedem Fall die körperliche Leistungsfähigkeit. Dies zeigt sich bei Leistungssportlern entsprechend schneller bzw. wirkt sich besonders nachteilig aus. Deshalb sollten im Sport die entsprechenden Empfehlungen der DGE unter keinen Umständen unterschritten werden.

Fit durch Vitamine – zwei Beispiele

Nur bei einer ausreichenden Vitamin-B-Zufuhr werden die Kohlenhydrate im Muskel in Energie umgesetzt. Beispielsweise wird um so mehr Vitamin B_1 benötigt, je mehr Kohlenhydrate der Körper verstoffwechselt. Werden täglich mehr als 150 g Eiweiß aufgenommen, ist eine erhöhte Aufnahme an Vitamin B_6 notwendig.
Bei vermehrter sportlicher Aktivität steigt speziell auch der Bedarf an Antioxidanzien. Infolge des erhöhten Sauerstoffumsatzes kommt es zu ei-

ner verstärkten Bildung freier Radikale im Körper. Deshalb sollten sportlich aktive Menschen auch auf eine angemessene Zufuhr der Vitamine C und E sowie Beta-Karotin achten.

Schönheits- und Figurbewußte

Vitamine für das schöne Äußere

Eine zarte, reine, glatte Haut – kurz: Eine Haut wie Samt und Seide erscheint besonders vielen Frauen erstrebenswert zu sein. Zusammen mit schönem kräftigem Haar und gesunden Nägeln sagt die Haut viel über ihren Träger bzw. ihre Trägerin aus. Mit ihrer Hilfe lassen sich nicht nur Rückschlüsse auf das Alter, auf die Art der benutzten Pflegemittel, sondern auch auf Vorgänge im Körperinneren ziehen.
Innere Krankheiten und vor allem die Folgen falscher Ernährung beeinträchtigen das Aussehen des mit fast 2 m^2 größten Organs des Menschen. Zusätzlich wirkt sich ein übermäßiger Alkoholkonsum und der häufige Griff zur Zigarette negativ auf das Erscheinungsbild der Haut aus. Eine abwechslungsreiche Kost mit vielen Vitaminen ist der 1. Schritt zu einem blendenden Aussehen.

Mit Haut und Haaren...

- Pantothensäure aktiviert die Wundheilung, regt die Neubildung von Hautzellen an und verhilft zu einem reinen Teint. Als Bestandteil von Hautpflegemitteln kann sie bei akutem Sonnenbrand die Haut beruhigen und den Heilungsprozeß fördern.
- Vitamin B_2 ist der Fitmacher für die Haut. Mit genug Vitamin B_2 gehören Entzündungen der Haut, gerötete, trockene Lippen und eingerissene Mundwinkel endgültig der Vergangenheit an. Doch damit nicht genug: Vitamin B_2 sorgt für die Versogung der Kopfhaut mit Proteinen und gibt den Haaren Glanz und Fülle.
- Rote Flecken im Gesicht? Kein Problem mehr mit Niacin. Das Vitamin kurbelt die Bildung neuer Hautzellen an und sorgt für frisches Aussehen. Zahnfleischentzündungen gehen zurück.

- Als Blutbildungsvitamin sorgt Vitamin B_{12} für ein knackfrisches Aussehen. Schuppige Haut, Haut- und Schleimhautentzündungen haben keine Chance mehr.
- Vitamin C strafft die Haut, glättet kleine Fältchen und ist eine Voraussetzung für gesunde Zähne und Zahnfleisch. Ohne Vitamin C heilen Wunden schlechter.
- Vitamin E reguliert den Feuchtigkeitsgehalt der Haut und wirkt trockener Haut entgegen.
- Trockene, schuppige Haut und eine blasse Hautfarbe – hier könnte Biotin Abhilfe schaffen.
- Häßliche Nägel sind nicht immer ein Hinweis auf zu wenig oder falsche Pflege. Auch ein Mangel an den Vitaminen A und Biotin können dazu führen, daß Nägel splittern, einreißen oder sich spalten.
- Bei Hautproblemen wie Ekzemen und Schuppenflechte (Psoriasis) kann Vitamin D helfen.

Schutz vor Falten und Sonnenbrand

Beim Bad in der Sonne entstehen durch die ultravioletten Strahlen freie Radikale direkt in der Haut. Durch ihre Aggressivität können freie Radikale Zellen und sogar das Erbgut schädigen. Die Folgen können Hautschäden wie vorzeitige Hautalterung oder die Bildung von bösartigem Hautkrebs sein. Beta-Karotin kann diesem Prozeß wirksam entgegensteuern: In Kapselform eingenommen macht es in der Haut die schädlichen Radikale unschädlich. Auch dem Vitamin E wird eine antioxidative Wirkung und damit eine Schutzwirkung für die Haut zugeschrieben.

Vitamine und Diät

Vitamine liefern keine Energie und machen somit auch nicht dick, aber dennoch kommen sie bei einer Diät meistens zu kurz: „Eine Diät machen" bedeutet weniger Nahrung aufnehmen, und mit der reduzierten Menge an Lebensmitteln werden fast automatisch auch weniger Vitamine zugeführt. Doch dieser Umstand hat fatale Folgen – der Vitaminbedarf ist nämlich nicht plötzlich niedriger geworden, nur weil weniger gegessen wird. Bei langandauernden oder vielen Diäten hintereinander besteht deshalb die Gefahr

einer Unterversorgung mit Vitaminen. Besonders junge Frauen gelten in diesem Zusammenhang als Risikogruppe.
Bei Diäten unter 1000 Kalorien ist der Bedarf in der Regel nicht ohne die Einnahme von Multivitaminpräparaten zu decken. Betroffen sind vor allem die Vitamine C, B_1, B_2, B_6 und Folsäure.

Die großen Gegenspieler – vermeidbare Risiken?

Es gibt viele Gründe, warum Menschen eine schlechte Vitaminversorgung aufweisen können. Zum einen kann es ganz generell an einer zu geringen Zufuhr von Vitaminen mit der Nahrung liegen: Die Lebensmittelauswahl läßt zu wünschen übrig, Lagerung und Zubereitung tun ein übriges. Manchmal sind es auch Inhaltsstoffe in den Lebensmitteln, die den Vitaminen den Garaus machen.

Zum anderen kann die Zufuhr, was die Menge anbetrifft, durchaus den Empfehlungen entsprechen, und trotzdem kommt der Mensch und somit auch die Vitamine zu kurz: Lebensumstände haben einen Einfluß darauf, ob Vitamine „überleben" können.

Die Gefahren für Vitamine lauern überall, wie folgende zusammenfassende Aufzählung zeigen soll:

- Rauchen,
- Alkohol,
- die Anti-Baby-Pille,
- Medikamente,
- andere Lebensmittelinhaltsstoffe,
- Hitze, Sauerstoff, Licht, UV-Strahlen, Säuren und Basen.

Genuß – aber nicht für Vitamine

Nach Ergebnissen der VERA-Studie (Verbundstudie Ernährungserhebung und Risikofaktoren-Analytik) haben Alkohol- und Zigarettenkonsum einen weit stärkeren Einfluß auf den Vitaminstatus als beispielsweise sozio-demographische Merkmale wie Alter und Schulbildung. Die Wissenschaftler haben festgestellt, daß Raucher und Raucherinnen schlechter mit den Vit-

aminen A, B_2, C und Beta-Karotin versorgt sind als Menschen, die nicht zur Zigarette greifen.
Hoher Alkoholkonsum gefährdet vor allem eine ausreichende Versorgung mit den Vitaminen B_1, B_2, B_6, C, Folsäure, Pantothensäure und Beta-Karotin.

Vitamine entschwinden im blauen Dunst

Rauchen erzeugt bei jedem Zug an der Zigarette viele Milliarden Moleküle freier Radikale im Körper. Ein Umstand, der den Bedarf an den antioxidativen Vitaminen C und E und Beta-Karotin im Organismus stark erhöht. Daß diesem Mehrbedarf bisher nicht Rechnung getragen wurde, zeigen Untersuchungen an Rauchern und Raucherinnen, die einen um 30–40 % niedrigeren Vitamin-C-Spiegel in Plasma und Leukozyten als nichtrauchende Vergleichspersonen aufwiesen.
Aufgrund der negativen Folgen des Auftretens freier Radikale im Körper – Arteriosklerose und Krebs – ist es deshalb sinnvoll, reichlich Antioxidanzien mit der Nahrung zuzuführen. Speziell bei Vitamin C lassen sich Empfehlungen rechtfertigen, die eine tägliche Zufuhr von 100–150 mg als wünschenswert erscheinen lassen.

Vitamine ertrinken im Hochprozentigen

Die Gefahren für die Vitaminversorgung, die von einem ungezügelten Alkoholkonsum ausgehen, haben unterschiedliche Ursachen und sind in ihrer Gesamtheit für den schlechten Vitaminstatus vieler chronisch alkoholabhängiger Menschen verantwortlich:

- Da ist zum einen die ernährungsphysiologisch unzureichend zusammengesetzte Kost mit einem hohen Kohlenhydratanteil.
- Regelmäßiger Alkoholkonsum führt zu Appetitverlust, geringere Nahrungsaufnahme ist die Folge. Mit weniger Nahrung werden aber fast automatisch auch weniger Vitamine zugeführt.
- Neben einer den Bedarf nicht deckenden Zufuhr über die Ernährung ist zusätzlich die Resorption der Nährstoffe im Darm beeinträchtigt.
- Darüber hinaus haben der Alkohol bzw. andere toxische Stoffe einen negativen Einfluß auf die Vitamin-Speicherfähigkeit der Leber und überhaupt auf den Stoffwechsel vieler Vitamine.

Welche Vitamine sind im einzelnen betroffen?

- *Vitamin A:* Während die Zufuhr mit der Nahrung nicht beeinflußt sein muß, sinkt die Speicherfähigkeit für Vitamin A in der Leber. Zudem aktiviert der Alkohol Enzymsysteme, die Vitamin A zu unwirksamen Verbindungen abbauen. – Bei dem Versuch, einen Mangel zu beheben, sollte immer im Auge behalten werden, daß ein Zuviel an Vitamin A immer auch die Leber in Mitleidenschaft zieht.
- *Vitamin B_1:* Alkohol erhöht die Ausscheidung des Vitamins über die Nieren, so daß Vitamin B_1 zu einem hohen Anteil auf der Toilette hinuntergespült wird. Der alkoholbedingte Thiaminmangel wird auch für das Wernicke-Korsakow-Syndrom mitverantwortlich gemacht, eine Krankheit, die gravierende Auswirkungen auf das Gehirn hat.
- *Vitamin B_6:* Alkohol sorgt für eine verminderte Bildung und eine raschere Zerstörung des aktiven Vitamins.
- *Folsäure:* Alkohol schädigt die Schleimhaut des Darms und erschwert somit die Resorption des Vitamins. Darüber hinaus wurde auch für dieses Vitamin eine erhöhte Ausscheidung über die Nieren beobachtet.

Die Vitamine Niacin, Pantothensäure, Biotin, B_2 und C leiden ebenfalls unter chronischem Alkoholkonsum.

Verhütung der Vitaminversorgung

Die Anti-Baby-Pille, kurz „Pille" genannt, erfreut sich höchster Beliebtheit bei Mädchen und Frauen. Oftmals auch zu deren Schaden, denn die hohen Hormongehalte wirbeln den Vitaminhaushalt gehörig durcheinander. Zusätzliche Nachteile für den Vitaminstatus ergeben sich auch aus der Tatsache, daß Frauen häufiger Diät halten.
Von dem negativen Einfluß der Pille können vor allem die Vitamine A, B_2, B_6, Pantothensäure und Folsäure betroffen sein.

Medikamente kontra Vitamine

Bei der Vielzahl der verordneten Arzneimittel und ihren gewünschten und unerwünschten Auswirkungen auf den Organismus ist es nicht verwunderlich, daß auch die Gruppe der Vitamine von einer Beeinträchtigung nicht

verschont bleibt. Vor allem die längerfristige Einnahme von Medikamenten kann sich negativ auf den Vitaminstatus auswirken.
Die folgende Übersicht kann nur einen kleinen Eindruck von der Beziehung zwischen Medikament auf der einen und Vitamin auf der anderen Seite geben – in jedem Fall ist es sinnvoll, sich bereits bei der Verordnung eines Medikaments über dessen mögliche Nachteile für den Vitaminstatus zu informieren.

Medikamente und Vitamine – Auswirkungen bzw. Wechselwirkungen

Medikament	Vitamin	Auswirkungen auf das bzw. Wechselwirkung mit dem Vitamin
Analgetika, Antirheumatika	Niacin	Mittel greifen in den Stoffwechsel des Vitamins ein
Antazida (magensäurebildende Mittel)	Folsäure	Resorption ist erniedrigt
Antibiotika	K	Zerstörung der Darmflora führt zu erniedrigter Synthese
	B_6	Mittel greifen in den Stoffwechsel des Vitamins ein
Antidepressiva	B_2	Stoffwechselstörung, es kann keine aktive Form des Vitamins gebildet werden
Antiepileptika, Antikonvulsiva (krampflösende Mittel)	Folsäure	Resorption ist gestört
	Niacin	Mittel greifen in den Stoffwechsel des Vitamins ein
	D	Der Abbau in der Leber wird verstärkt
	B_{12}	Mittel greifen in den Stoffwechsel des Vitamins ein
Antihypertensiva	B_6	Mittel greifen in den Stoffwechsel des Vitamins ein
Chemotherapeutika, Zytostatika	Folsäure	Mittel greifen in den Stoffwechsel des Vitamins ein
Lipidsenker	Folsäure	Mittel greifen in den Stoffwechsel des Vitamins ein
	A, D, E, K	Resorption wird gehemmt
Laxanzien auf Mineralölbasis (Abführmittel)	E	Resorption wird gehemmt
	K	Resorption wird gehemmt
Sulfonamide	Folsäure	Mittel greifen in den Stoffwechsel des Vitamins ein
Tuberkulose-Therapeutika	B_6	Inaktivierung
	Niacin	Mittel greifen in den Stoffwechsel des Vitamins ein

Von den negativen Wechselwirkungen zwischen Medikamenten und Vitaminen sind insbesondere chronisch Kranke und alte Menschen (s. Seite 59) betroffen, die häufig eine ganze Palette unterschiedlichster Medikamente zu sich nehmen. Zudem werden mit der Nahrung nicht mehr genügend Vitamine aufgenommen, und Magen- und Darmerkrankungen erschweren generell die Resorption der Nährstoffe.

Die bösen Nachbarn – Gefahr droht auch durch andere Lebensmittelinhaltsstoffe

Lebensmittel enthalten eine Vielzahl an Inhaltsstoffen mit ganz unterschiedlichen chemischen Eigenschaften. Kein Wunder also, daß es auch zu Wechselwirkungen unter ihnen kommen kann. Substanzen, die negative Auswirkungen auf die einzelnen Vitamine haben, werden *Antagonisten* – Gegner oder Widersacher – genannt.

- Getränke oder Lebensmittel mit natürlichen Waldmeisterauszügen dürfen nicht das ganze Jahr über verkauft werden, das Angebot beschränkt sich auf die Zeit, in der der Waldmeister frisch im Wald gepflückt werden kann. Die Besonderheit: Waldmeister enthält den Vitamin-K-Antagonisten Kumarin. Diese Verbindung setzt die Gerinnungsfähigkeit des Blutes herab, indem sie einen Vitamin-K-Mangel erzeugt. Mit seiner Hilfe werden in der Medizin Patienten mit Gefäßverengung behandelt und solche, bei denen die Gefahr einer Thrombose besteht. Allerdings, und das sei zur Freude aller Waldmeisterbowle-Fans gesagt: Gegen den gelegentlichen Genuß des grünen Getränks ist nichts einzuwenden, negative Auswirkungen sind erst bei häufigem Konsum zu erwarten.
- In rohem Fisch findet sich ein Enzym mit Namen Thiaminase, das Thiamin zerstören kann. Da der Verzehr von rohem Fisch vor allem in Asien sehr verbreitet ist, ergeben sich hier häufig Mangelerscheinungen. Kochen zerstört das Enzym, das als Eiweißverbindung sehr hitzeempfindlich ist.
- Menschen, die regelmäßig chininhaltige Getränke, beispielsweise Tonic Water, konsumieren, erhöhen ihren Riboflavinbedarf. Chinin gilt als Antagonist dieses Vitamins.
- Biotin geht mit einer Substanz namens Avidin, die in größeren Mengen in rohen Eiern verschiedener Vogelarten vorkommt, eine feste Verbindung

ein. Dieser Komplex kann im Magen-Darm-Trakt nicht aufgespalten werden, und das Vitamin geht somit verloren. Spiegelei, Rührei oder hartgekochte Eier sind degegen keine Gefahr, denn Avidin verliert bei 100 °C seine biotinbindende Fähigkeit.

Die Gefahren in der Küche

Vitamine sind sehr empfindlich, sie sind die Mimosen unter den Nährstoffen. Licht, Sauerstoff oder zu hohe Temperaturen können zu ganz erheblichen Vitaminverluste führen. Das Löslichkeitsverhalten der Vitamine – fett- bzw. wasserlöslich – hat Auswirkungen auf das Ausmaß der Auslaugung, z. B. beim Waschen von Salat oder Kochen von Gemüse.

Das Vitaminsterben beginnt schon bei der Ernte. Nahezu alle Gemüse- und Obstsorten aus ausländischem Anbau werden „pflückreif", das heißt grün geerntet, und sie reifen später im Kühlhaus nach. Nur so haben die Früchte die Festigkeit, um den langen Transportweg ohne Schaden zu überstehen. Sie haben somit gar nicht die Chance, ihren vollen Vitamingehalt an der Sonne zu entwickeln. Vom Geschmack gar nicht zu reden.

Besonders empfindlich ist das Vitamin C. Nach der Ernte der Sonne ausgesetzt, verlieren die Früchte rasch bis zur Hälfte ihres Vitamin-C-Gehalts.

Die industrielle Verarbeitung von Nahrungsmitteln führt zu meist enormen Verlusten, die um so größer sind, je stärker vorgefertigt und verpackt wurde.

Im Haushalt drohen die nächsten Gefahren. Eine zu lange oder falsche Lagerung bzw. eine unsachgemäße Vor- und Zubereitung der Lebensmittel sorgt für weitere Einbußen am Vitamingehalt.

Die Vitamine im einzelnen

Vitamin A: Verluste an Vitamin A entstehen – bei Anwesenheit von Sauerstoff – unter Einwirkung von Hitze oder Licht. Der Gehalt an Karotinoiden nimmt unter der Einwirkung von Licht, Wärme und Sauerstoff ab. Die Zubereitungsverluste belaufen sich durchschnittlich auf etwa 20 %.

Vitamin D: Vitamin D zeigt sich während der üblichen Garzeiten bis 180 °C sehr hitzestabil. In der Regel kann von geringen Zubereitungsverlusten ausgegangen werden.

Vitamin E: Vitamin E ist bei Abwesenheit von Sauerstoff weitgehend beständig gegen Erhitzen bis 200 °C. Schonende Gartechniken, z. B. Dämpfen und Dünsten, führen zu geringen Verlusten, die in etwa bei 10 % liegen. Die höchsten Verluste entstehen durch Braten, Rösten und Schmoren. Werden Bratfette wieder erhitzt, geht der Vitamin-E-Gehalt gegen Null.
Vitamin K: Vitamin K ist in Lebensmitteln relativ stabil und unempfindlich gegen Hitze und Sauerstoff; durch Tageslicht und vor allem ionisierende Strahlen wird es dagegen leicht zerstört. Die Zubereitungsverluste sind gering.
Thiamin: Thiamin ist gut wasserlöslich und hitzeempfindlich Dadurch entstehen Zubereitungsverluste, die im Durchschnitt bei 30 % liegen. Beim Backen und Toasten von Brot können sich die Verluste auf bis zu 50 % belaufen, das Sterilisieren von Milch führt zu Verlusten um die 30 %.
Riboflavin: Riboflavin wird vor allem durch Licht leicht inaktiviert. Besonders wichtig ist diese Eigenschaft im Zusammenhang mit der Aufbewahrung von Milch in Flaschen. Der Vitaminverlust während einer schonenden Zubereitung liegt bei 20 %.
Niacin: Gegen die Gefahren im Haushalt ist Niacin sehr unempfindlich. Einzige Ausnahme bildet seine Wasserlöslichkeit, die eine leichte Auslaugung in das Kochwasser bedingt. In einer Mischkost beträgt der Kochverlust bis zu 20 %.
Folsäure: Die Zubereitungsverluste können bei Konservenwaren, durch lange Erhitzungszeiten und beim Aufwärmen der Mahlzeiten beträchtlich sein. Beim Abgießen des Kochwassers gehen große Mengen an Folsäure verloren. Der durchschnittlichen Zubereitungsverlust liegt bei 35 %, in Einzelfällen kann er allerdings bis zu 90 % betragen.
Vitamin B_6: Die Empfindlichkeit von Vitamin B_6 gegenüber Sonneneinwirkung spielt bei der Flaschenmilch eine bedeutende Rolle: Innerhalb von Stunden kann der Gehalt um nahezu 50 % abnehmen. Durch die Wasserlöslichkeit gehen bis zu 45 % beim Kochen verloren. Der Zubereitungsverlust beträgt bis zu 20 %.
Pantothensäure: Die Hitzeempfindlichkeit von Pantothensäure bedingt Zubereitungsverluste beim Garen von etwa 30 %. Tiefgefrorenes Fleisch verliert einen Teil seines Pantothensäuregehalts mit dem abtropfenden Wasser.
Biotin: Biotin ist stabil gegenüber den meisten Gefahren in der Küche. Durch seine Wasserlöslichkeit können jedoch Veruste entstehen, die bis zu 70 % betragen können.
Vitamin B_{12}: Zubereitungsverluste an Vitamin B_{12} können durch Anbraten

von tierischen Lebensmitteln oder durch Aufkochen von Milch entstehen. Gegen Reduktionsmittel ist Vitamin B_{12} wenig beständig, so kann es beispielsweise durch einen Überschuß an Vitamin C zerstört werden. Die Verluste beim Kochen belaufen sich auf 20–80 %.

Vitamin C: Vitamin C ist sehr empfindlich. Verluste während des Kochens sind unvermeidlich und können bis zu 80 % betragen. Hohe Verluste treten vor allem dann auf, wenn Gemüse längere Zeit warm gehalten wird. Durch das schnelle und sorgfältige Eindosen bzw. Einfrieren können in der industriellen Lebensmittelverarbeitung die Vitaminverluste relativ gering gehalten werden. Die Folge: Konserven- und Tiefkühlgemüse weisen häufig mehr Vitamin C auf als Obst und Gemüse, das möglicherweise schon seit Tagen gelagert wird.

Kleiner Tip: In schwarzen Tee gehört ein Spritzer frisch ausgepreßter Zitronensaft. Dabei passiert dem Vitamin C im Zitronensaft nichts, weil die Zitronensäure für die nötige Stabilität sorgt.

Und nur ganz am Rande sei erwähnt, daß die Bestrahlung zur Haltbarmachung von Lebensmitteln, Verluste an Vitamin C von bis zu 60 % bringen kann.

Vitamine in trockener Zubereitung, sprich in Tabletten- oder Pulverform, behalten bei sachgerechter Lagerung über Jahre hinweg ihre volle biologische Aktivität.

Löslichkeit und Stabilität der Vitamine gegenüber Umweltfaktoren

Vitamin	Löslichkeit	Hitze	Sauerstoff	Licht	UV-Strahlen	pH<7	pH>7
A	fettlöslich	+++	---	---	~~~	+++	+++
D	fettlöslich	+++	---	~~~	~~~	+++	~~~
E	fettlöslich	+++	---	~~~	+++	+++	+++
K	fettlöslich	+++	+++	---	~~~	+++	~~~
B_1	wasserlöslich	---	~~~	+++	~~~	+++	~~~
B_2	wasserlöslich	~~~	+++	---	~~~	+++	~~~
Niacin	wasserlöslich	+++	+++	+++	+++	+++	+++
B_6	wasserlöslich	~~~	+++	---	+++	+++	+++
Folsäure	wasserlöslich	---	+++	~~~	+++	~~~	+++
Pantothensäure	wasserlöslich	---	+++	+++	+++	~~~	~~~
Biotin	wasserlöslich	+++	+++	+++	+++	+++	+++
B_{12}	wasserlöslich	+++	~~~	~~~	~~~	+++	+++
C	wasserlöslich	~~~	~~~	~~~	+++	+++	~~~

+++ = stabil, ~~~ = leicht instabil, --- = instbil

Vitamine im täglichen Leben

„Viele Vitamine" gehören in den Augen der Bundesbürger neben „frischen Produkten" und „viel Obst und Gemüse" zu den wichtigsten Aspekten einer gesunden Ernährung. Die beiden letztgenannten Kriterien lassen sich noch ganz gut verwirklichen, weil sie ganz konkrete Handlungsanweisungen beinhalten: z. B. Einkaufen bei Selbsterzeugern auf dem Markt oder Ernten im eigenen Garten.
Bei den „vielen Vitaminen" wird die Sache schon komplizierter. Denn zum einen kann der Vitamingehalt einem Lebensmittel nicht angesehen werden, zum anderen sind Vitamine empfindliche Zeitgenossen (s. Seite 72), bei denen nie klar ist, ob sie nach der Zubereitung noch auf den Teller kommen.

Wie viele Orangen braucht der Mensch?

„Bekomme ich genügend Vitamine ab?" Viele Menschen stellen sich diese Frage wieder und wieder. Wer weiß denn schon genau, welche Mengen an Vitaminen in den einzelnen Lebensmitteln, die verzehrt werden, enthalten sind. Mit Hilfe der im Folgenden aufgeführten Lebensmittel in realistischen Verzehrsmengen soll ein Eindruck des Vitamingehalts gegeben werden (die Angaben gelten für Erwachsene ab 19 Jahren, in % der Empfehlungen für die Nährstoffzufuhr der Deutsche Gesellschaft für Ernährung DGE, 1991). Allerdings gilt es zu bedenken, daß – wegen der Abhängigkeit des Vitamingehalts der Lebensmittel von Lagerungsdauer und Zubereitungsart – die Angaben über Nährstoffgehalte aus Lebensmitteltabellen mit großen Unsicherheiten behaftet sind.
Nachfolgend eine Übersicht vitaminreicher Lebensmittel.

Vitamin	Lebensmittel	Deckung des Tagesbedarfs in % Frauen	Männer
A	100 g Rinderleber	1500	1200
D	100 g Heilbutt	100	100
	100 g Bismarckhering	250	250
E	1 EL Sonnenblumenöl	40	40
	1 EL Weizenkeimöl	165	165
K	100 g Sauerkraut	1400	2000
	50 g Speisequark	20	15
	200 g Blumenkohl	900	750
B_1	100 g Schweinefleisch	50	40
	100 g Sojabohnen	60	50
B_2	1/2 l Vollmilch	50	50
	200 g Champignons	45	40
Niacin	100 g Sardinen	50	50
	3 Scheiben Vollkornbrot	30	30
	100 g Kalbsfilet	40	40
Folsäure	100 g Rinderleber	50	50
	500 g Spinat	90	90
B_6	300 g Rosenkohl	55	55
	2 Bananen	40	30
Pantothen-säure	100 g Ostseehering	150	150
	200 g Wassermelone	50	50
B_{12}	1/2 l Milch	60	60
	1 Scheibe Emmentaler	25	25
	100 g Seelachs	120	120
C	100 g Brokkoli	110	110
	200 g Erdbeeren	120	120
	1 mittelgroße Paprika	200	200

Vitaminschutz in der Küche

Die Vitaminversorgung läßt sich in der Regel durch eine abwechslungsreiche und vollwertige Ernährung sicherstellen. Doch was nützen qualitativ hochwertige Lebensmittel, die frisch geerntet auf den Wochenmarkt oder in den Supermarkt kommen, wenn es ihnen dann im Haushalt an den Kragen geht (s. Seite 72)?
Die richtige Lagerung und Zubereitung von Lebensmitteln sind ganz entscheidend für eine ausreichende Vitaminversorgung des Menschen. Deshalb sollte gerade diesen Prozessen besondere Beachtung geschenkt werden.
Von Bedeutung ist zudem, daß die Lebensmittel oftmals gerade nicht mit der nötigen Frische angeboten werden. Zum einen können die Wege zwischen Erzeuger und Verbraucher weit sein, zum anderen wird die Lebensmittelqualität durch das Liegen in der Frische(!)-Abteilung des Supermarktes nicht unbedingt verbessert. Zudem täuschen Behandlungsverfahren, wie das Wachsen der Schale von Äpfeln, eine Frische vor, die es nicht gibt.
6 Tips für eine nährstoffschonende Lagerung und Zubereitung von Obst und Gemüse – oder: Wie nimmt der Mensch möglichst viele Vitamine auf:

- Bei vielen Lebensmitteln sitzen die Nährstoffe direkt unter der Schale – deshalb: Lebensmittel möglichst ungeschält verzehren. Leider sitzen auf der Schale auch immer die meisten Schadstoffe, die allerdings zu einem großen Teil durch gründliches Waschen entfernt werden können..
- Die Zeit ist ein Feind der Vitamine – deshalb: Die Lebensmittel immer frisch verwenden. Längere Lagerungszeiten vermeiden. Wenn gelagert wird, dann kühl, abgedunkelt und eventuell unter Luftabschluß. Nach Möglichkeit tiefgefrieren.
- Vitamine hassen Hitze – deshalb: Die Garzeiten kurz halten und die richtige Gartemperatur wählen. Und den Topf abdecken.
- Längere Zeit im Warmen nehmen Vitamine besonders übel – deshalb: Ein Warmhalten der Speisen vermeiden, die Lebensmittel erst kurz vor dem Verzehr vor- und zubereiten, und wenn das nicht möglich sein sollte, vorbereitete Speisen bis zum Wiederaufwärmen kühl stellen.
- Der Sauerstoff der Luft zerstört Vitamine – deshalb: Lebensmittel nur grob schneiden bzw. zerkleinern.
- Die wasserlöslichen Vitamine schwimmen leicht weg – deshalb: Immer unter fließendem Wasser waschen und nicht wässern. Das Garwasser, beispielsweise von Hülsenfrüchten, kann für Soßen sinnvoll weiterverwendet werden.

Tiefgefrieren – eine vitaminschonende Angelegenheit

Mit Verbreitung der modernen Tiefkühlgeräte auch im Haushalt hat ein Haltbarkeitsverfahren Einzug gehalten, das als das vitaminschonendste überhaupt gilt. Richtig gekühlt, behält das Lebensmittel für lange Zeit Aussehen, Konsistenz, Geschmack, Geruch – und eben auch einen Großteil seiner Vitamine.

Leider eignen sich nicht alle Lebensmittel zum Tiefgefrieren, zudem können eine zu lange Aufbewahrungsdauer, zu hohe Temperaturen oder eine unzureichende Verpackung zu ganz enormen Qualitätseinbußen führen.

Unbegrenzte Haltbarkeit kann aber auch das vorschriftsmäßige Tiefgefrieren nicht ermöglichen, da die Gefriertemperaturen zwar den bakteriellen Verderb verhindern können, nicht jedoch den durch lebensmitteleigene Enzyme verursachten. Wie stark solche Veränderungen sind, hängt zum einen vom Fettgehalt der Lebensmittel ab, solche mit viel Fett erweisen sich dabei als anfälliger.

Zum anderen kann man Lebensmittel vor dem Einfrieren vorbehandeln: Blanchieren, also eine kurzfristige Hitzebehandlung in wenig kochendem Wasser mit anschließender Abkühlung in Eiswasser, kann die Verluste erträglich gestalten und hilft auch, die natürliche Farbe des Lebensmittels zu erhalten. Darüber hinaus ist es für den Vitamingehalt, den Geschmack und die Konsistenz vorteilhaft, wenn das Lebensmittel beim Einfrieren ganz frisch ist, also noch nicht einige Tage im Kühlschrank oder der Vorratskammer zugebracht hat.

Bei der industriellen Herstellung von Konserven wird in ähnlicher Weise verfahren, mit der Folge, daß Konservenprodukte weit besser sind als ihr Ruf. Ein günstiger Erntezeitpunkt und eine sofortige Verarbeitung sorgen dafür, daß Konservenprodukte immer noch vitaminreicher sind als „frisches" Obst und Gemüse nach einigen Tagen Aufbewahrung.

Die Mikrowelle – geht sie den Vitaminen an den Kragen?

Der Mikrowellenherd wird mittlerweile in fast jedem 2. Haushalt zur Nahrungsmittelzubereitung genutzt. Als relativ neue, außergewöhnliche Technik geraten die „schnellen Wellen" jedoch immer wieder in die Schlagzeilen: Schreckensmeldungen über Gesundheitsgefahren verunsichern die Benutzer.

Doch viele wissenschaftliche Studien haben der Mikrowelle – bei sachgerechter Anwendung – Unbedenklichkeit bescheinigt. Bezüglich der Nährstoffverluste konnte gezeigt werden, daß die Verluste an Vitaminen und anderen Nährstoffen mit denen konventioneller Garmethoden vergleichbar sind. Wird Obst oder Gemüse in der Mikrowelle aufgetaut, kann dies für die Höhe des Vitamin-C-Gehalts sogar von Vorteil sein.

Winter – vitaminarme Zeit?

Für alle gesundheitsbewußten Menschen stellt der Winter eine Herausforderung dar. In dieser Zeit ist es nicht ganz so einfach, die optimale Versorgung mit Vitaminen sicherzustellen.
Im November sollte der bedenkenlose Griff zum Körbchen Erdbeeren im Supermarktregal unterbleiben. Diese Lebensmittel haben Tausende von Kilometern hinter sich und wurden für diesen Transport in den allermeisten Fällen chemisch fit gemacht. Sinnvoller ist es, sich auf heimische Gewächse zu besinnen.
Mit etwas Planung kann der Zeitraum der gemüsearmen Zeit erheblich reduziert werden.
Im *September*, wenn die Tage kürzer werden, ist noch Erntezeit für Bohnen, Erbsen, Radieschen, Möhren, Kohlrabi, rote Bete und Kürbisgewächse. Wer im Besitz einer Tiefkühltruhe ist, kann sich bereits jetzt den einen oder anderen Vorrat anlegen. Die rote Bete zum Beispiel sollte portioniert, angekocht und dann eingefroren werden. Damit kann sich für die kommende kalte Jahreszeit jeder ein kleines Vitaminpolster anlegen. Möhren lassen sich in einer Sandmiete im Keller oder in der Garage weit bis in den Winter hinein lagern.
Bei Spinat, Feldsalat, Mangold und Pflücksalat wird nicht immer gleich die gesamte Pflanze geerntet, sondern nur die äußersten Blätter. So ist es möglich, diese frische Vitaminquelle zu erhalten.
Im *August und September* sind auch Pflaumen, Kirschen, Birnen und Beerenobst erntereif, wenn sie ihre intensive Färbung aufweisen. Bei Aufbewahrung dieser Obstsorten ist es ratsam, sich an die alten Einmachkünste der Großmütter zu erinnern. Die mußten mangels bequemer Supermarktalternative zur Erntezeit daran denken, wie sie Obst bis in den Winter hinein konservieren konnten.
Im *Oktober* müssen Kohlrabi, Radieschen, Rettich und rote Bete vor dem

ersten Frost geerntet werden. Von den Kohlarten muß der Blumenkohl vor den tiefen Temperaturen geschützt werden. Ein bißchen Frost macht Brokkoli, China,- Rot-, Weißkohl und Wirsing nichts aus. Sie sollten erst im Laufe des Monats von den Beeten geholt werden. Wer keinen eigenen Garten hat, sollte zu dieser Jahreszeit auf diese Gemüsearten zurückgreifen. Das Angebot ist reichhaltig und günstig.
Im *November* ist für das leicht frostharte Gemüse Erntezeit. Sellerie, Endivien, Fenchel und Wirsing wollen jetzt von den Beeten runter.
Im *Dezember* kommen Rosen-, Grünkohl und Lauch an die Reihe. Doch besteht kein Grund zur „Vitaminpanik": Im April locken schon die ersten Radieschen wieder zum ersten knackigen Biß.

Keimlinge – die „Vitaminbomben"

Gerade in den Wintermonaten, wenn das frische einheimische Obst- und Gemüseangebot spärlicher wird, haben viele Menschen den Eindruck, es fehle ihnen an Vitaminen. Und obwohl der Ernährungsbericht der Deutschen Gesellschaft für Ernährung (DGE) keine extremen saisonalen Schwankungen in der Vitaminversorgung der Bevölkerung ausgemacht hat, befürworten Ernährungswissenschaftler eine leicht erhöhte Vitaminzufuhr in den Wintermonaten – der Erkältungskrankheiten wegen.
Und was bietet sich da mehr an, als in die eigene, ganz persönliche Vitaminproduktion einzusteigen. Wie das gehen soll? Ganz einfach: mit der Anzucht von Keimlingen.
Diese Methode der Vitaminversorgung ist einfach durchzuführen und zudem noch preiswert. Mit der Hilfe eines Marmeladen- oder Einmachglases lassen sich die Keimlinge problemlos anzüchten. Dazu wird eine Handvoll Samen in das Glas gegeben und dieses mit Wasser gefüllt. Die Glasöffnung wird mit Kunststoffgaze abgedeckt und mit einem Gummiring verschlossen. Dann wird das Wasser wieder abgegossen, indem das Glas mit der Öffnung nach unten schräg hingestellt wird. Das Spülen mit Frischwasser wird regelmäßig wiederholt, damit die Samen nnicht austrocknen. Nach wenigen Tagen kann geerntet werden.
Wem die Marmeladenglasmethode zu aufwendig ist, kann auf die im Handel erhältlichen Keimgefäße zurückgreifen. So lassen sich auf mehreren Etagen unterschiedliche Keimlinge gleichzeitig ziehen.
Ob Samen der gängigen Getreidesorten (wie Weizen, Roggen oder Mais),

die der Hülsenfrüchte (wie Sojabohnen, Linsen oder Luzerne) oder Rettich, Senf oder Sesam – um nur einige zu nennen –, ganz allein der persönliche Geschmack entscheidet über die Auswahl.

Dabei haben die Keimlinge nicht nur bezüglich ihres Vitamingehalts einiges zu bieten. Neben den B-Vitaminen und Vitamin C, die in deutlich höheren Konzentrationen als in den Samen vorliegen, enthalten sie auch noch weitere wertvolle Inhaltsstoffe, nämlich Ballaststoffe und Mineralstoffe. Wie die Keimlinge letztendlich verzehrt werden, bleibt ganz dem Züchter bzw. der Züchterin überlassen: ob auf dem Vollkornbutterbrot oder über den Salat gestreut – Keimlinge sind eine wahre Bereicherung der Winter- und auch der Sommerkost.

Vitaminmangel

Vitamine sind lebenswichtige Bestandteile der menschlichen Ernährung. Bekommt der Organismus nicht die Mengen, die er braucht, treten früher oder später Mangelerscheinungen auf. Eine Unterversorgung mit Vitaminen wird wissenschaftlich *Hypovitaminose* (griech. hypo = unter) genannt, fehlt ein Vitamin im Stoffwechsel vollständig, handelt es sich um eine *Avitaminose.* Aufgrund ihrer vielfältigen Funktionen im Stoffwechsel können von einer Vitamin-Unterversorgung eine Vielzahl, zum Teil ganz unterschiedlicher Körperbereiche betroffen sein.
Als Ursachen für das Auftreten von Mangelerscheinungen können ganz allgemein genannt werden:

- eine zu geringe Zufuhr mit der Nahrung durch eine falsche Lebensmittelauswahl, durch unsachgemäße Lagerung und Zubereitung der Nahrungsmittel oder insgesamt durch zu wenig Nahrung;
- Resorptionsstörungen (Störungen der Aufnahme im Darm);
- ein erhöhter Bedarf in bestimmten Lebenssituationen;
- eine gestörte Vitaminsynthese der darmeigenen Mikroflora.

Symptome eines Vitamin-A-Mangels:

Knochen und Zähne: Wachstumsstörungen, schmerzende Gelenke, Störungen der Zahnentwicklung.

Augen: Nachtblindheit in Verbindung mit erhöhter Blendempfindlichkeit, Lichtscheu, herabgesetzte Sehschärfe in der Dämmerung, trockene Bindehäute, Erblindung.

Verdauungsorgane: Schleimhautveränderungen, Durchfall.

Haut: trockene Haut, Schuppenbildung, gestörte Schweiß- und Talgabsonderung.

Immunsystem: erhöhte Infektionsanfälligkeit.

Atmungsorgane: Schleimhautveränderungen, Atemwegserkrankungen.
Harn- und Geschlechtsorgane: Veränderungen der Schleimhäute, Gefahr von Nierensteinbildung, Fortpflanzungsstörungen.

Ursachen eines Vitamin-A-Mangels:
- ungenügende Zufuhr mit der Nahrung;
- Störungen der Vitaminaufnahme im Darm durch chronische Durchfallerkrankungen oder Fettresorptionsstörungen;
- Beeinträchtigungen der Speicherfähigkeit in der Leber durch Erkrankungen dieses Organs oder durch chronischen Alkoholkonsum;
- Rauchen erniedrigt die Plasmaspiegel an Beta-Karotin;
- Schwangerschaft und Stillzeit erhöhen den Bedarf.

Symptome eines Vitamin-D-Mangels:
Knochen und Zähne: Verformungen des Schädels, des Brustkorbs, der Wirbelsäule und der Beine, Neigung zu Knochenbrüchen, verzögerter Durchbruch der Milchzähne, Kieferdeformierungen, Zahnfehlstellungen mit Defekten am Schmelz, Schmerzen im Bereich des Brustkorbs, der Schulter, Schenkel, Hüften, Unterarme und Füße, Skelettdeformierungen.
Nerven- und muskuläres System: Schreckhaftigkeit, erhöhte Reizbarkeit, lebensbedrohlich werdende Krämpfe, Atem- und Herzstillstand, Muskelschwäche.
Immunsystem: häufige Infektionen.

Ursachen eines Vitamin-D-Mangels:
- ungenügende Zufuhr mit der Nahrung;
- ungenügender Aufenthalt im Freien verhindert eine ausreichende Bildung in der Haut;
- Erkrankungen der Nieren oder Leber verhindern die Bildung der aktiven Vitaminform;
- bestimmte Medikamente, z. B. Antiepileptika und Antikonvulsiva, erschweren die Vitaminaufnahme bzw. stören die Wirksamkeit des Vitamins;
- Schwangerschaft und Stillzeit erhöhen den Bedarf.

Symptome eines Vitamin-E-Mangels:
Blut: verkürzte Lebenszeit der roten Blutkörperchen, Zerstörung der Blutzellen.

Nerven- und muskuläres System: Degenerationen am Nervensystem, Schwierigkeiten beim Gehen infolge von Muskelschwäche und Muskelschwund, Schmerzen.
Haut: trockene Haut.
Fortpflanzungsorgane: Störungen der Fortpflanzung.
Schädigungen am Herzen und an der Leber.

Ursachen eines Vitamin-E-Mangels:
- Magen-Darm-Erkrankungen und die regelmäßige Einnahme von Abführmitteln erschweren die Vitaminaufnahme;
- Stillen und Rauchen erhöhen den Bedarf;
- ständige Konfrontation mit schadstoffbelasteter Luft erhöht den Bedarf.

Symptome eines Vitamin-K-Mangels:
Erhöhte Blutungsneigung in den verschiedensten Geweben und Organen (z. B. Unterhautgewebe, Muskeln, Gehirn, Magen-Darm-Trakt, Bauchhöhle).

Ursachen eines Vitamin-K-Mangels:
- ungenügende Zufuhr mit der Nahrung;
- Krankheiten der Leber und des Darmkanals verhindern eine ausreichende Vitaminaufnahme bzw. -speicherung;
- bestimmte Medikamente (z. B. Antibiotika) verhindern die Vitaminaufnahme bzw. zerstören die Darmflora

Symptome eines Vitamin-B_1-Mangels:
Nerven- und muskuläres System: Sensibilitätsstörungen, Fußbrennen, Muskelschwäche und Muskelschmerzen, Appetitlosigkeit und Abmagerung, Lustlosigkeit, Schwierigkeiten beim Gehen, Reflexstörungen, Angstzustände, Konzentrationsmangel.
Herz-Kreislauf-System: Ödeme, Herzrhythmusstörungen, Herzerweiterung, Herzversagen.
Immunsystem: erhöhte Infektanfälligkeit.

Ursachen eines Vitamin-B_1-Mangels:
- ungenügende Zufuhr mit der Nahrung;
- schwere körperliche Arbeit und Streß erhöhen den Bedarf;
- entzündliche Darmerkrankungen (z. B. Morbus Crohn) und chronischer Alkoholkonsum beeinträchtigen die Vitaminaufnahme;
- Schwangerschaft und Stillzeit erhöhen den Bedarf.

Symptome eines Vitamin-B_2-Mangels:

Mund- und Rachen: eingerissene Mundwinkel, Halsschmerzen, Entzündungen an den Lippen, entzündliche Veränderungen der Zungenschleimhaut.

Haut: Rötungen, Risse.

Augen: Auftreten eines „Fremdkörpergefühls", Glaskörpertrübung, Lichtempfindlichkeit.

Blut: Anämie.

Wachstumsstörungen.

Ursachen eines Vitamin-B_2-Mangels:

- ungenügende Zufuhr mit der Nahrung;
- bestimmte Medikamente (z. B. Antidepressiva) erhöhen die Vitaminausscheidung mit dem Urin oder greifen in den Stoffwechsel des Vitamins ein;
- chronische Entzündungen der Dünndarmschleimhaut verhindern eine ausreichende Vitaminaufnahme;
- Schwangerschaft und Stillzeit erhöhen den Bedarf.

Symptome eines Niacinmangels:

Haut: entzündliche Hautreaktionen, vor allem an den der Sonne ausgesetzten Stellen sowie im Bereich von Druck- und Scheuerstellen, eingerissene Mundwinkel.

Nervensystem: Appetitlosigkeit mit Gewichtsverlust, Schwindelanfälle, Verwirrtheit, Depressionen, Bewegungsstörungen.

Magen-Darm-Trakt: Veränderungen der Darmschleimhaut, Verstopfung, Durchfall.

Mund und Rachen: Schleimhautveränderungen, Rötung der Zunge.

Blut: Anämie.

Ursachen eines Niacinmangels:

- ungenügende Zufuhr von Niacin bzw. Tryptophan mit der Nahrung;
- bestimmte Medikamente (z. B. Analgetika) greifen in den Vitaminstoffwechsel ein;
- Alkoholmißbrauch und Stillzeit erhöhen den Bedarf.

Symptome eines Vitamin-B_6-Mangels:

Nerven- und muskuläres System: erhöhte Reizbarkeit, Appetitlosigkeit, Schlaflosigkeit, Müdigkeit, Bewegungs- und Empfindungsstörungen, Krämpfe.

Haut: Entzündungen, gestörte Schweißabsonderung.

Blut: Anämie.

Nieren: Nierensteine.

Knochen: Wachstumsstörungen.

Immunsystem: reduzierte Antikörperbildung.

Mund: Entzündungen.

Ursachen eines Vitamin-B_6-Mangels:

- ungenügende Zufuhr mit der Nahrung;
- Schwangerschaft, Stillzeit, schwere körperliche Arbeit und Streß erhöhen den Bedarf;
- chronischer Alkoholkonsum vermindert den Vitaminaufbau und verstärkt den Abbau der aktiven Vitaminform;
- die Einnahme bestimmter Medikamente (z. B. Tuberkulostatika) erhöht die Vitaminausscheidung mit dem Urin bzw. inaktiviert das Vitamin.

Symptome eines Folsäuremangels:

Blut: Anämie.

Verdauungssystem: Schleimhautveränderungen, Durchfall, Bildung von Geschwüren in Mund und Rachen.

Nervensystem: Energie- und Antriebslosigkeit, Müdigkeit, Reizbarkeit, Appetitlosigkeit.

Knochen: Wachstumsstörungen.

Fortpflanzung: Fortpflanzungsstörungen, Schwangerschaftskomplikationen.

Immunsystem: reduzierte Antikörperbildung.

Ursachen eines Folsäuremangels:

- ungenügende Zufuhr mit der Nahrung;
- chronischer Alkoholkonsum führt zu einer verminderten Vitaminaufnahme im Darm und zu erhöhter Ausscheidung;
- Magen-, Darm- und Leberkrankheiten verhindern eine ausreichende Vitaminaufnahme;
- die Einnahme bestimmter Medikamente (z. B. Antiepileptika) führt zu einer gestörten Folsäureaufnahme im Darm und zu einer verringerten Verfügbarkeit des Vitamins;

- Schwangerschaft und Stillzeit erhöhen den Bedarf.

<u>*Symptome eines Pantothensäuremangels:*</u>

Nerven- und muskuläres System: Sensibilitätsstörungen im Bereich der Hände und Füße (brennendes Gefühl), Kopfschmerzen, Müdigkeit, körperliche Schwäche, Schlaflosigkeit.

Verdauungssystem: Verdauungsstörungen.

Haut: verschlechterte Wundheilung.

Immunsystem: erhöhte Infektionsanfälligkeit.

<u>*Ursachen eines Pantothensäuremangels:*</u>

- Diabetes führt zu einer erhöhten Ausscheidung des Vitamins mit dem Harn;
- chronischer Alkoholkonsum erschwert die Verfügbarkeit des Vitamins.
- Streßsituationen erhöhen den Bedarf

<u>*Symptome eines Biotinmangels:*</u>

Haut und Haar: entzündliche Hautreaktionen, trockene, schuppige Haut, Haarverlust.

Nerven- und muskuläres System: Muskelschmerzen, Sensibilitätsstörungen, allgemeine Schwäche, Appetitlosigkeit, Übelkeit, Depressionen.

Fortpflanzungsorgane: Fortpflanzungsstörungen.

<u>*Ursachen eines Biotinmangels:*</u>

- Eine Substanz in rohen Eiern verhindert die Biotinaufnahme im Darm;
- die Einnahme von Antibiotika und chronischer Alkoholkonsum erhöhen den Bedarf.

<u>*Symptome eines Vitamin-B_{12}-Mangels:*</u>

Blut: Anämie.

Verdauungssystem: Schleimhautveränderungen, Zungenbrennen.

Nerven- und muskuläres System: Empfindungsstörungen, Bewegungsstörungen, reflexstörungen, Müdigkeit, Ohnmachtsneigung, Depressionen, Verlust des Geschmacks- und Geruchssinns, Gedächtnisstörungen.

<u>*Ursachen eines Vitamin-B_{12}-Mangels:*</u>

- ungenügende Zufuhr mit der Nahrung;
- das Fehlen von Intrinsic Factor verhindert eine Vitamin-B_{12}-Aufnahme im Darm;

- Darmerkrankungen und die Einnahme krampflösender Medikamente verhindern die Vitaminaufnahme im Darm;
- Stillen erhöht den Bedarf.

Symptome eines Vitamin-C-Mangels:

Nerven- und muskuläres System: Müdigkeit, Schwäche, Leistungsminderung, Depressionen, Gelenk- und Muskelschmerzen.

Zähne: lockere und ausfallende Zähne.

Blut: Anämie.

Blutungen in Haut, Schleimhäuten und Muskulatur.

Knochen: Wachstumsstörungen.

Immunsystem: erhöhte Infektionsanfälligkeit, verlangsamte Erholung nach Krankheiten, verschlechterte Wundheilung.

Ursachen eines Vitamin-C-Mangels:

- ungenügende Zufuhr mit der Nahrung;
- Schwangerschaft und Stillzeit führen zu einem erhöhten Vitaminbedarf;
- Krankheiten (besonders Infektionen), Streß, Rauchen und Alkohol erhöhen den Vitaminbedarf;
- bestimmte Medikamente (z. B. Antidepressiva) erhöhen den Vitaminbedarf;
- Patienten mit Hyperlipidämien haben einen erhöhten Vitaminbedarf.

Zu viel des Guten

Unter den üblichen Ernährungsgewohnheiten ist es so gut wie ausgeschlossen, daß die Vitaminzufuhr mit Nebenwirkungen verbunden ist. Denn bereits in seiner embryonalen Entwicklung „lernt" der menschliche Organismus, daß er diese Substanzen zu tolerieren gilt – um zu leben.

Doch Vergiftungserscheinungen durch eine zu reichliche Vitaminzufuhr sind möglich. Das liegt zum einen daran, daß in der Medizin deutlich über dem Bedarf liegende Vitamindosen zur Therapie (z. B. bei Strahlenbehandlung) eingesetzt werden.

Zum anderen haben die Vitamine in Pillenform, als Pulver oder Saft Eingang in viele Hauhalte gefunden. Mit der Angst, unzureichend mit dem einen oder anderen Vitamin versorgt zu sein, greifen viele Menschen nicht mehr zum natürlichen Lebensmittel, sondern – viel praktischer und bequemer – zu Multivitaminsäften und Pillenröhrchen (s. dazu Seite 92). Und vergessen darf man auch nicht, daß es Lebensmittel gibt, die bei zu hohem Verzehr starke Nebenwirkungen auslösen können.

Aber – und das ist das Entscheidende – lediglich bei den Vitaminen A und D kann die für den Menschen gefährliche Hypervitaminose (griech. hyper = über) auftreten. Deshalb hat der Gesetzgeber ab einer bestimmten Dosierungshöhe eine Rezeptpflicht für Vitamin-A- bzw. Vitamin-D-haltige Medikamente eingeführt. Daß große Mengen Leber viel zu viel Vitamin A enthalten, weiß man spätestens seit Polarforscher nach dem Genuß von Eisbärleber starke Vergiftungserscheinungen zeigten.

Die unterschiedliche Giftigkeit der Vitamine liegt unter anderem in einer ihrer chemischen Eigenschaften begründet: dem Löslichkeitsverhalten. Ein Überangebot an fettlöslichen Vitaminen wird im Körper gespeichert, es kommt zu einer Anreicherung im Organismus und schließlich zu Vergiftungserscheinungen.

Im Gegensatz zu den fettlöslichen Vitaminen ist bei den wasserlöslichen B-Vitaminen und Vitamin C die Gefahr einer Überdosierung relativ gering. Ein Überangebot wird „einfach" mit dem Urin aus dem Körper gespült.
Da beim Menschen relativ selten negative Folgen einer Überdosierung auftreten, wurden eine Vielzahl von tierexperimentellen Untersuchungen durchgeführt, um Hinweise und ergänzende Aussagen zur Giftigkeit von Vitaminen zu erhalten.

Vitamin-A-Hypervitaminose

Sind alle Vitamin-A-bindenden Proteine „belegt", dann beginnt das restliche freie Vitamin A, die Zellen anzugreifen. Und genau darin liegt seine giftige Wirkung begründet. In der Literatur beschriebene Fälle von Vergiftungen sind vor allem infolge von überreichlichem Leberverzehr oder im Rahmen einer medizinischen Therapie aufgetreten.
Der Sicherheitsbereich beträgt die 10- bis 50fache Dosis der Empfehlungen der Deutschen Gesellschaft für Ernährung (DGE).
Interessanterweise können die Karotinoide, also die Vorstufen von Vitamin A, keine Hypervitaminose auslösen. Der Körper wandelt von ihnen nur soviel in Vitamin A um wie gerade benötigt werden.

Symptome einer Vitamin-A-Überversorgung:
Knochen- und Gelenkschmerzen, starke Kopfschmerzen, Hirndrucksymptome, ewichtsverlust, Übelkeit, Durchfall, trockene Haut und Schleimhäute, Hautabschilferungen, Appetitverlust, Muskelschwäche, Müdigkeit, Vergrößerung von Leber und Milz, Spontanaborte und Fehlgeburten.

Maßnahmen: Das Absetzen der Vitamin-A-haltigen Medikamente führt bei akuten Hypervitaminosen innerhalb weniger Tage zum Verschwinden der Symptome. Die Vergiftungserscheinungen bilden sich von selbst zurück und bedürfen keiner weiteren Behandlung.

Vitamin-D-Hypervitaminose

Zu viel Vitamin D führt zu Kalziumablagerungen in den Geweben, vor allem in der Niere bilden sich Steine. Es kommt zur Verkalkung von Herz, Lunge und Bauchspeicheldrüse. Todesfälle sind möglich. Medizinische Präparate, die mehr als 25 Mikrogramm Vitamin D enthalten, sind deshalb vom Gesetzgeber unter die Rezeptpflicht gestellt worden. Vitamin-D-Hypervitaminosen im Rahmen der Selbstmedikation sind dagegen relativ selten.

Symptome einer Vitamin-D-Überversorgung:
Entkalkung der Knochen, Appetitverlust, Übelkeit, Erbrechen, Verstopfung, Kopfschmerzen, Müdigkeit, Durst, Apathie, Herzrhythmusstörungen, Harnwegsinfekte, Schäden am Fötus.

Maßnahmen: Mit Hilfe verschiedener Medikamente wird beispielsweise die Kalziumaufnahme im Darm verringert oder die Ausscheidung über die Niere verstärkt.

Vergiftungserscheinungen bei Überdosierungen der restlichen Vitamine

Folgen einer Überversorgung mit Vitamin E:
Verdauungsstörungen wie Durchfall und Bauchkrämpfe, Kopfschmerzen, Müdigkeit, Erschöpfungszustände, Sehstörungen, Schwindelgefühl, Hautveränderungen.

Folgen einer Überversorgung mit Vitamin B_1:
Herzrasen, Atemnot, Kopfschmerzen, Schweißausbrüche, Reizbarkeit, Magenbeschwerden, Übelkeit, Hautveränderungen.

Folgen einer Überversorgung mit Niacin:
Magenschleimhautentzündungen, Magenschmerzen, Hitzegefuhl, Hautrotungen, Leberfunktionsstörungen.

Folgen einer Überversorgung mit Vitamin B_6:
Taubheitsgefühl, Gangstörungen, Beeinträchtigung des Tastempfindens, Reflexstörungen.

Folgen einer Überversorgung mit Folsäure:
Verdauungsstörungen, Schlaflosigkeit, Reizbarkeit, Depressionen, Allergien.

Folgen einer Überversorgung mit Vitamin C:
Verdauungsstörungen, Nierensteine.

Über Sinn und Unsinn von Vitaminen aus der Apotheke

In einer Befragung im Rahmen der Nationalen Verzehrsstudie (NVS), in der zwischen den Jahren 1985 und 1988 über 24.000 Menschen in Deutschland zu ihrem Ernährungsverhalten befragt worden waren, bekannten sich 12 % der Befragten zu einer regelmäßigen Einnahme von Vitaminpräparaten, wovon 4 % täglich bzw. mehrmals täglich und 5 % mehrmals in der Woche zu der Extraportion Vitamine griffen.
An diesem Ergebnis zeigt sich, daß viele Menschen sich nicht sicher sind, ob sie ihren Vitaminbedarf allein durch den Verzehr von Lebensmitteln dekken können.
Dabei ist der Deutsche statistisch gesehen im allgemeinen gut mit Vitaminen versorgt. In den Empfehlungen für die Nährstoffzufuhr (1991) und im Ernährungsbericht aus dem Jahr 1992 (beides Deutsche Gesellschaft für Ernährung, DGE) finden sich zur Versorgungssituation der bundesdeutschen Bevölkerung mit Vitaminen folgende Feststellungen:

- *Vitamin A:* Die Versorgung kann als gut bezeichnet werden, weniger als 4 % der untersuchten Personen wiesen zu niedrige Plasmakonzentrationen auf; darunter fanden sich gehäuft junge Erwachsene.
- *Beta-Karotin:* Mehr als 50 % der Bevölkerung wiesen die als wirksam erkannten Plasmakonzentrationen auf, wobei Frauen besser versorgt waren als Männer. Personen mit hohem Alkohol- oder Ziga-rettenkonsum wiesen besonders häufig erniedrigte Meßwerte auf.
- *Vitamin D:* Niedrige Meßwerte wurden nur im Winter und Frühjahr öfters beobachtet, dabei ist die Versorgung im Norden schlechter als im Süden des Landes. Raucher/innen sind bedeutend schlechter versorgt.
- *Vitamin E:* Die Versorgung kann als weitgehend gesichert betrachtet

werden. Regionale und saisonale Unterschiede konnten nicht festgestellt werden.

- *Vitamin K:* Die Zufuhr ist bei gemischter Kost überreichlich.
- *Vitamin C:* Die Bedarfsdeckung ist im Durchnitt gut. Unbefriedigende Meßwerte wurden häufig bei alleinlebenden Senioren gefunden. Bei Frauen wurden im Durchschnitt 20 % höhere Meßwerte festgestellt. Bei Rauchern und Raucherinnen lagen die Plasmakonzentrationen in über 30 % der Fälle unterhalb des anzustrebenden Grenzwerts.
- *Thiamin, Riboflavin und Vitamin* B_6: Eine ausreichende Versorgung ist weitgehend gewährleistet. Alkoholiker und Raucher wiesen erniedrigte Plasmawerte auf.
- *Niacin:* Die Versorgung wird als ausreichend bezeichnet. Bei Frauen wurden doppelt so häufig wie bei Männern niedrige Meßwerte gefunden, vor allem bei Frauen über 65 Jahren.
- *Vitamin* B_{12}: Die Zufuhr liegt weit über dem Tagesbedarf. Bei über 95 % der Untersuchten wurde eine ausreichende Versorgung beobachtet. Lükken bestehen bei jungen Frauen und bei über 65jährigen Männern.
- *Pantothensäure:* Die Zufuhr-Empfehlungen werden von den Erwachsenen nicht erreicht, der Mindestbedarf scheint jedoch gedeckt.

Im 3. Schweizer Ernährungsbericht wird die Vitaminversorgung der Bevölkerung als zufriedenstellend bezeichnet. Allerdings wurden von bestimmten Bevölkerungsgruppen keine angemessenen Mengen zugeführt – vor allem bei den Vitaminen D, B_1, B_2, B_6, Folsäure, Pantothensäure und C sowie Beta-Karotin. Als Risikogruppen gelten junge Mädchen und Frauen, Krankenhauspatienten, Teile der Landbevölkerung, ältere Menschen und Personen auf Diät.

Die österreichische Bevölkerung nimmt – statistisch gesehen – ausreichende Mengen der meisten Vitamine auf. Mit anderen Worten: Die geschätzte Zufuhr liegt über bzw. auf gleicher Höhe mit den Empfehlungen. Besonders niedrig ist allerdings die Zufuhr an Vitamin D, die nur bei 40 % der empfohlenen Aufnahme liegt, Vitamin B_2 und Folsäure.

Gleich zu Beginn dieses Kapitels ist es sinnvoll, Folgendes klarzustellen: Ob ein Vitamin „natürlicher" Herkunft ist, das heißt aus Lebensmitteln gewonnen, oder ob es synthetisch hergestellt wurde – für die potentiellen Wirkungen im menschlichen Organismus ist dies völlig unerheblich.

Einzig und allein ausschlaggebend ist die chemische Struktur, und wenn diese gleich ist, dann ist auch die Wirkung die gleiche.

Es ist einleuchtend, daß die Wirkungen eines isolierten Vitamins (z. B. in

Form eines Vitaminpräparats) nicht verglichen werden können mit denen, die sich beim Verzehr eines natürlichen Lebensmittels ergeben, das eben dieses Vitamin enthält. In einem natürlichen Lebensmittel finden Wechselwirkungen zwischen den einzelnen Inhaltsstoffen statt, und die Wirkungen, die sich aus dieser „Kooperation" ergeben, können bei weitem vielschichtiger und nutzbringender sein, als dies bei einem isolierten Wirkstoff möglich ist.

Das Angebot

Vitaminpräparate sind in unterschiedlichen Ausfertigungen auf dem Markt. Es gibt sie als *Monopräparate* (das Präparat enthält nur ein einziges Vitamin), als *Kombinationspräparate* (das Präparat enthält eine Gruppe von Vitaminen, z. B. die Vitamine der B-Gruppe oder die Vitamine A und E) oder als *Multivitaminpräparate* (das Präparat enthält die ganze Palette an Vitaminen). Zusätzlich sind Vitamine auch in Kombination mit Mineralstoffen erhältlich, z. B. mit Magnesium oder Eisen. Als Darreichungsformen sind Kapseln, Dragees, Brausetabletten und Säfte erhältlich.
Die Produkte können vitaminisierte Lebensmittel, diätetische Lebensmittel oder Arzneimittel darstellen.

Argumente für Vitaminpräparate

Befürworter argumentieren, daß oftmals schon lange bevor Hypovitaminosen ganz offensichtlich werden, versteckte Mangelsymptome vorhanden sein können.
So erkennt man die klassischen Symptome der Thiaminmangelkrankheit Beriberi nicht vor der 6. Woche. Mangelerscheinungen wie Appetitlosigkeit, Gewichtsverlust und Reizbarkeit treten jedoch bereits innerhalb der ersten 4 Wochen auf.
Bei der Riboflavin-Hypovitaminose treten die ersten klinischen Symptome nicht vor der 8. Woche auf, davor aber sind bereits Verhaltensstörungen zu erkennen.
Und bei einem Vitamin-B_6-Mangel klagen die Patienten und Patientinnen über Müdigkeit und Kopfschmerzen lange bevor die charakteristische Anämie festgestellt werden kann.

Irgendwo in dem weiten Feld zwischen einer adäquaten Vitaminzufuhr und dem Zeitpunkt, an dem sich die charakeristischen Mangelsymptome zeigen, fühlt sich der betreffende Mensch einfach nicht mehr wohl in seiner Haut, ohne daß dabei gezwungenermaßen fehlenden Vitaminen auf die Spur gekommen werden kann.
Bei folgenden Bevölkerungsgruppen könnte eine Supplementierung mit Vitaminpräparaten sinnvoll erscheinen:

- bei Menschen, die zu wenig Energie mit der Nahrung aufnehmen, z. B. bei Reduktionsdiäten;
- bei älteren Menschen, vor allem, wenn sie unterernährt sind;
- bei Menschen, die sich einseitig ernähren;
- bei Menschen, die krankheitsbedingt unter Appetitverlust leiden;
- bei Menschen, deren Nährstoffaufnahme durch Krankheit gemindert ist;
- bei Menschen, die Medikamente einnehmen, die einen negativen Einfluß auf die Aufnahme und Nutzung der Vitamine im Körper haben;
- bei Menschen, die unter Verletzungen oder Infektionen leiden;
- bei Frauen, die schwanger sind oder stillen;
- bei Veganern und Veganerinnen.

Argumente gegen Vitaminpräparate

Argument Nummer 1:
Die Einnahme hochdosierter Vitaminpräparate birgt Gefahren – was übrigens übertragen für die meisten anderen Nährstoffe auch gilt. Dabei variieren die individuellen Toleranzen von Mensch zu Mensch.
Mit anderen Worten: Was dem einen nützt, kann dem anderen schaden. Dabei bleibt das Ausmaß an leichten Vergiftungserscheinungen im Dunkeln, weil sie einfach zu unspezifisch sind und nur in wenigen Fällen einem Vitaminmangel zugeordnet werden können.

Argument Nummer 2:
Niemand weiß genau, wie das „ideale" Vitaminpräparat von seiner Zusammensetzung her auszusehen hat.
Mit anderen Worten: Welche Vitamine und in welchen Mengen sollten in einem Präparat enthalten sein? Auf wessen Bedürfnisse sollten die Dosierungen abgestimmt sein? Und wie sollte der einzelne ein Präparat auswählen, wo ihm doch seine eigenen Bedürfnisse unklar bleiben müssen?

Argument Nummer 3:
Mit der Einnahme von Vitaminpräparaten schafft sich gerade der ungesund lebende Mensch eine Sicherheit, die es für ihn so nicht gibt. Nur die Einnahme von Vitaminpräparaten kann nicht zu einem gesünderen und längeren Leben beitragen. Auch können mit der Einnahme von Vitaminpräparaten keine Krankheiten geheilt werden.

Also – ja oder nein?

Generell ist es sinnvoll, den Bedarf an Vitaminen mit natürlichen Lebensmitteln, die bei uns reichlich und auch in guter Qualität das ganze Jahr zur Verfügung stehen, zu decken. Die eigene Ernährung ist ein dermaßen wichtiger Bestandteil des menschlichen Lebens, daß es lohnt, sich damit näher zu beschäftigen. Und vielen wird es dann auch nicht mehr allzu schwer fallen, sich bedarfsgerecht zu ernähren.
Auf der anderen Seite gibt es Situationen im Leben eines Menschen, die es sinnvoll erscheinen lassen, Vitaminpräparate einzunehmen – doch das sollte von Fall zu Fall, gegebenenfalls in Absprache mit dem Arzt, entschieden werden.

Ein kleiner Trost: Die vorschriftsmäßig dosierte Einnahme von Multivitaminpräparaten führt in aller Regel nicht zu negativen Begleiterscheinungen.

Nützliche Adressen

Deutsche Gesellschaft für Ernährung (DGE) e.V.
Im Vogelsang 40

60488 Frankfurt am Main
Telefon: 069/97 68 03-0 – Telefax: 069/97 68 03-99

Österreichische Gesellschaft für Ernährung (ÖGE)
Zaunergasse 1–3

A-1037 Wien
Telefon: 0222/714 71 93 – Telefax: 0222/713 18 02

Schweizerische Vereinigung für Ernährung (SVE)
Bernstraße 135
Postfach

CH-3052 Zollikofen
Telefon: 031/911 24 22 – Telefax: 031/911 24 77

Auswertungs- und Informationsdienst für Ernährung, Landwirtschaft und Forsten (AID) e.V.
Konstantinstraße 124

53179 Bonn
Telefon: 0228/84 99-0 – Telefax: 0228/84 99-177

Forschungsinstitut für Kinderernährung Dortmund
Heinstück 11

44225 Dortmund
Telefon: 0231/71 40 21 – Telefax: 0231/71 15 81

Institut für Sporternährung e.V.
In der Aue

61231 Bad Nauheim
Telefon: 06032/7 12 00 – Telefax: 06032/7 12 01

Deutscher Vegetarierbund e.V.
Blumenstraße 3

30159 Hannover
Telefon und Telefax: 0511/3 63 20 50

Quellenverzeichnis und Literaturliste

Arbeitskreis Ernährungs- und Vitaminforschung e.V., evi aktuell Ausgabe 1/1994, Dosierungen von Vitaminen, Frankfurt 1994.

Arbeitskreis Ernährungs- und Vitaminforschung e.V., evi aktuell Ausgabe 3/1994, "Quo vadis Vitaminforschung", Frankfurt 1994.

Auswertungs- und Informationsdienst für Ernährung, Landwirtschaft und Forsten (AID), MONICA Mengenliste, Bonn 1991.

Auswertungs- und Informationsdienst für Ernährung, Landwirtschaft und Forsten (AID), Keimlinge, Bonn 1994.

Auswertungs- und Informationsdienst für Ernährung, Landwirtschaft und Forsten (AID), Vitamine und Mineralstoffe, Bonn 1993.

Bässler, Karl-Heinz, Grühn, Eberhard, Loew, Detlef, und Pietrzik, Klaus: Vitamin-Lexikon, Stuttgart 1992.

Braun-Falco, Plewig, Wolff: Dermatologie und Venerologie, Berlin.

Bundesamt für Gesundheitswesen: 3ter Schweizer Ernährungsbericht, 1991.

Der kleine Souci-Fachmann-Kraut, Lebensmitteltabelle für die Praxis, Stuttgart 1991.

Deutsche Gesellschaft für Ernährung (DGE), DGE-aktuell, Vitamine im Winter, Frankfurt 1991.

Deutsche Gesellschaft für Ernährung (DGE), Empfehlungen für die Nährstoffzufuhr, Frankfurt 1991.

Deutsche Gesellschaft für Ernährung (DGE), Ernährungsbericht 1992, Frankfurt 1992.

Deutsche Gesellschaft für Ernährung (DGE), Infothek Vegetarimus, Frankfurt.

Die Nationale Verzehrstudie, Ergebnisse der Basisauswertung, Bonn 1991.

Ebert-Joisten, Maria: Ernährung der stillenden Mutter und Beikost für das gestillte Kind, in: Stillen und Muttermilchernährung, Bundeszentrale für gesundheitliche Aufklärung, Bonn 1993.

Elmadfa, Ibrahim, und Leitzmann, Claus: Ernährung des Menschen, Stuttgart 1988.

Geiß; Kurt-Reiner, Hamm, Michael: Handbuch Sportler-Ernährung, 1990.

Hanck, Alfred: Spektrum Vitamine, Zug, CH 1986.

Killeit, Ulrich: dialog Ernährung & Vitamine, Ausgabe 3/1987, Wie stabil sind Vitamine?, Frankfurt 1987.

Kreutzer, Marie-Luise: Der Biogarten, München 1992.

Löffler, Georg, und Petrides, Petro E.: Physiologische Chemie, Berlin-Heidelberg 1990.

Lüllmann, Heinz, Mohr, Klaus, und Ziegler, Albrecht: Taschenatlas der Pharmakologie, Stuttgart-New York 1990.

Michel, Petra, und Leitzmann, Claus: Lebensmittel können auch schützen, UGB-Forum 4/93 (1993), S. 196–199.

Moch, Klaus: Sport und Ernährung, Ernährungsumschau EU 27 (1988), B41–B44.

Present Knowledge in Nutrition, International Life Sciences Institute, Washington D.C., USA 1990.

Ruf, Michael: dialog Ernährung & Vitamine, Ausgabe 17/1991/92, Vitamin-C-Bedarf bei Rauchern: Aktueller Kenntnisstand, Frankfurt 1991.

Schlieper, Cornelia A., Büchner, Felix: Ernährung heute, Hamburg 1991.

Ulene, Ari und Val: Vitamin Strategy, Berkeley, CA, USA 1994.

VERA-Schriftenreihe, Band IV, Vitaminversorgung Erwachsener in der Bundesrepublik Deutschland, Niederkleen 1992.

Viel Wirbel um Vitamin K, Ernährungsumschau EU 40 (1993) 132–133.

WHO-Projekt: Wien – Gesunde Stadt, 1. Wiener Ernährungsbericht, Juli 1994.

Wolf, Jürgen: Arbeitskalender Obst und Gemüse, Stuttgart 1992.

Register